Das Klima-Paradigma

-

Kritik und Hintergründe. Versuch einer Metaanalyse

von

Ernst-Peter Ruewald

Der Autor hat mit Sorgfalt recherchiert, übernimmt aber keine Verantwortung für Inhalte der zitierten **Internet-Quellen** oder dort weiterführender Links. Da Internet-Websites und -Artikel Änderungen unterworfen sein können, wurde stets das Datum des Erscheinens bzw. des letzten Aufrufs angegeben.

Der Autor möchte i. w. die alte **Rechtschreibung** beibehalten, da er die obrigkeitlich durchgesetzte Reform für mißlungen hält. Nach seiner Meinung korreliert mit der neuen Rechtschreibung ein allgemein zu beobachtendes Nachlassen der Rechtschreibkompetenz und eine Verarmung der deutschen Sprache.

Impressum

© 2020 Ernst-Peter Ruewald

(verbessert und aktualisiert im März 2021)

Verlag & Druck: *tredition* GmbH, Halenreie 40-44, 22359 Hamburg

ISBN: 978-3-347-11900-0   (Paperback)   - revidiert
ISBN: 978-3-347-11901-7   (Hardcover)   - revidiert
ISBN: 978-3-347-11902-4   (E-Buch)   - unverändert

Umschlaggestaltung:
nach einer Vorlage des Verlags *tredition* unter Verwendung eines Fotos des Autors.

Bibliografische Information der Deutschen Nationalbibliothek:
Die Deutsche Nationalbibliothek verzeichnet diese Publikation in der Deutschen Nationalbibliografie; detaillierte bibliografische Daten sind im Internet über http://dnb.d-nb.de abrufbar.

Widmung

meinem verehrten Lehrer
Prof. Dietrich Kölzow,
der im Juni 2020
90 Jahre alt geworden wäre

Inhalt

Kurzzusammenfassung (Abstract)

Mit (*striktes*) "*Klimaparadigma*" wird hier die vorherrschende These bezeichnet, daß die seit Mitte des 19. Jahrhunderts beobachtete Klimaerwärmung einzigartig und ihre hauptsächliche Ursache die zunehmende Emission des Treibhausgases Kohlenstoffdioxid sei und daß eine weitere Erwärmung katastrophale Folgen haben werde und daher mit allen Mitteln verhindert werden müsse. Der Begriff "Paradigma" wurde bewußt in Abgrenzung zu *Theorie* oder *Hypothese* gewählt, um herauszuheben, daß es sich hierbei um eine Überschneidung von Naturwissenschaft, Politik, Medien und Ideologie und somit um ein vielfältiges soziologisches Phänomen handelt.

Der Autor trägt dem dadurch Rechnung, daß das Thema unter verschiedenen Aspekten kritisch betrachtet wird: im Rahmen der Wissenschaft; wie es seitens der Medien und der Politik kommuniziert wird; und die politischen und über-politischen Hintergründe.

Die vierfache **Kritik** des Autors betrifft:

1. den *Reduktionismus*, erstens die Hauptprobleme unserer Welt auf das Klima zu reduzieren und dabei u.U. schwerwiegendere Probleme in den Hintergrund zu rücken, und
2. den Klimawandel kausal fast ausschließlich auf das "Treibhausgas" Kohlenstoffdioxid zurückzuführen;
3. die Intoleranz und *Arroganz*, mit der die Klimadiskussion als "abgeschlossen" vertreten und abweichende Meinungen mit dem Etikett "Klimaleugner" diskreditiert werden;
4. die überstürzte planwirtschaftliche "Klimapolitik", die immense Kosten verursacht, aber zum Scheitern verurteilt ist.

Wenn man wissenschaftstheoretische Kriterien wie Konsistenz, prinzipielle Falsifizierbarkeit, Validierung, Prognosefähigheit, Ergebnisoffenheit u.a. ansetzt, dann kommen Zweifel an der Wissenschaftlichkeit des Klimaparadigmas auf. Dieses zeigt vielmehr doktrinäre Züge.

Die Kritik wird durch drei konstruktive **Forderungen** ergänzt:

1. Rückbesinnung auf *wissenschaftsethische* Grundsätze statt doktrinärer Ausgrenzung;

2. *systemisch-holistische* statt reduktionistische Sichtweise;
3. mehr *ökologische* statt rein technokratische Lösungsansätze.

Als Alternative zum strikten Klimaparadigma wird ein *"offenes Klimaparadigma"* vorgeschlagen, welches die beiden ersten Forderungen erfüllt.

Systemisch-holistisch gesehen sind die wesentlichen Problemkomplexe unserer Welt: die Überbevölkerung, die Ausbeutung und Erschöpfung der Ressourcen durch Wachstumswirtschaft, die Umweltzerstörung und die massenhafte Ausrottung von Tier- und Pflanzenarten und Ökosystemen. Diese Weltprobleme werden auch kurz behandelt, da sie durch die einseitige Konzentration auf das Klima sonst aus dem Blick gedrängt werden.

Das strikte Klimaparadigma wird von Medien und Politikern mit psychologischen Mitteln in die Köpfe der Menschen eingepflanzt. Die überpolitischen Hintergründe, aktuell unterstrichen durch die Corona-Krise, aber geben zu dem starken Verdacht Anlaß, daß es den Vertretern des Klima-(bzw. Pandemie-)alarmismus weniger um eine "Rettung" des Klimas (bzw. der Menschen) geht als um die Durchsetzung einer dirigistischen "Großen Transformation" der gesamten Gesellschaft.

Bedächtiges Handeln auf der Grundlage vernetzten Denkens, das verantwortungsethisch und ökonomisch sämtliche Kollateralwirkungen und Spätfolgen einbezieht, ist unerläßlich. Entsprechend sind Maßnahmen sowohl zur *Anpassung* an unvermeidliche Klimaänderungen, als auch zur *Vermeidung* von Umweltschädigungen notwendig. Einige Leitlinien als einzuhaltendes "ökologisches Minimum" werden vorgeschlagen.

Der Autor vertritt die These: Das Klima ist nicht das Weltproblem Nummer eins, sondern allenfalls ein die globale Krise verschärfendes Teilproblem. Aber:

Wir sind zu viele, wir verbrauchen zuviel, wir zerstören zuviel.

Und die dadurch aufgehäuften Weltprobleme sind gigantisch, aber sie lassen sich weder allein auf eine "Klimakrise" reduzieren, noch durch eine einseitige Politik der "Klimarettung" lösen.

Vorbemerkungen

Als distanzierter Beobachter verfolgte man den "Klima-Hype", der im Jahr 2019 durch Medien, Politiker und Menschenmassen enorme Beschleunigung aufgenommen hat und Ende des Jahres in der Erklärung eines "Klima-Notstands" durch das EU-Parlament und anschließend in der Mobilisierung massenhafter Demonstrationen kulminierte, mit großer Skepsis.

In Erinnerung kommt der große Sternmarsch nach Bonn im Jahr 1968 als Protest *gegen* die von der damaligen Großen Koalition geplanten Notstandsgesetze, unter denen Mißbrauch und Beschneidung demokratischer Bürgerrechte befürchtet wurden. Im Gegensatz dazu haben die Menschen nun quasi *für* Notstandsgesetze demonstriert, indem sie drastische Maßnahmen der Regierenden gegen einen angeblichen Klimanotstand einfordern, ohne sich bewußt zu machen, daß solche Maßnahmen tatsächlich drastische Eingriffe in das Leben der Einzelnen nach sich ziehen und daß "Kipp-Punkte" (weniger des Klimas als) bürgerlicher Grundrechte zur Disposition stehen. [1]

Zur nüchternen Beurteilung haben sich aus meiner Sicht drei Kriterien bewährt:

1. "die herrschende Meinung ist die Meinung der Herrschenden" (*Karl Marx*);

2. wird das Prinzip "audiatur et altera pars" (es soll auch die andere Seite gehört werden) gröblich verletzt?; und

3. "cui bono?" (wer profitiert davon?).

Dazu kommen selbstverständlich noch weitere Kriterien.

Um einem Mißverständnis vorzubeugen: angesichts dessen daß sich der Mensch zu der zerstörerischsten und ressourcenausbeuterischsten Raubspezies [2] entwickelt hat, oder wie sich

---

[1] solche drastischen Eingriffe wurden in der Corona-Krise 2020 Realität

[2] nicht übersehen, daß er - allerdings in viel geringerem Maße - auch *Heger* ist

der Biologe und Ökologe *E. O. Wilson* ausdrückte [0c] S.341: «*Wir befinden uns inmitten eines der größten Massensterben der Erdgeschichte*» [0d],[0p], halte ich ökologischen **Umweltschutz** und **Naturschutz** [3], in umfassender Weise verstanden und angewandt [4], für unabdingbar und im bisher praktizierten Umfang unzureichend. Der Mensch ist dabei, seine eigenen Lebensgrundlagen auszulöschen.

Aber was hat der „*Klimaschutz*" damit zu tun? Dieser Frage soll im folgenden unter Berücksichtigung der oben genannten Kriterien nachgegangen werden.

Ob es eine **Klimakrise** gibt, soll an dieser Stelle noch offen bleiben. Aber *wenn* es eine Klimakrise gibt, dann zumindest sowohl als eine **Krise des geistigen Klimas**, wo die Diffamierung Andersdenkender inzwischen zum allgemein üblichen Ton gehört, als auch als **Krise der Klimawissenschaft** selbst, die in einer Endlosschleife von Selbstaffirmation (des vorherrschenden Klimaparadigmas, wie ich es nenne) festgefahren ist. Wissenschaftlicher Fortschritt, das zeigt die Geschichte immer wieder, erfordert aber die Orthodoxie durchbrechende Ideen durch Paradigmenwechsel.

Die Bezeichnung **Klimaparadigma** habe ich, das modische Wort "Klima-Narrativ" vermeidend, in Anlehnung an den

---

[3] «Für alle die, die terminologische Haarspaltereinen lieben, ist das alltägliche Durcheinander der Begriffe *Natur, Umwelt, Ökologie* ein einziger Skandal ...» (*Joachim Radkau, Die Ära der Ökologie*, S.24; siehe [x18a])

[4] ein schlechtes Beispiel dafür, daß Natur- und Umweltschutz nicht im Widerspruch zueinander agieren sollten, im Zusammenhang mit den Buschbränden 2019/2020 in **Australien**: es wurden Schutzmaßnahmen, die anläßlich ebenfalls katastrophaler Brände bereits in den 1930er Jahren beschlossen worden waren – z.B. prophylaktisch Schneisen in Wälder und Buschwerk zu schlagen, um Ausbreitungsüberschläge zu vermeiden – seit Jahren von den Naturschützern als "Eingriffe in die Natur" abgelehnt. 1974/75 sollen schon 450.000 qkm, das ist größer als Deutschland, abgebrannt sein. (siehe [51] – [54])

Wissenschaftshistoriker *Thomas Kuhn* gewählt, der **Paradigma** im soziologischen Sinn [0g] S.186 als "*die ganze Konstellation von Meinungen, Werten, Methoden usw., die von den Mitgliedern einer gegebenen Gemeinschaft geteilt werden*", definiert.

Den etablierten Klimawissenschaftlern ist dringend zu raten, von ihrem Verdrängungs- und Diffamierungsmodus endlich in den wissenschaftsethischen offenen Diskursmodus zurückzufinden, wo ganz selbstverständlich der Grundsatz "audiatur et altera pars" kultiviert wird. Im Sinne des Wissenschaftsphilosophen *Karl Popper*, Vater des Falsifikationsprinzips, ist kennzeichnend für den wissenschaftlichen Fortschritt die Abfolge von "*Vermutungen und Widerlegungen*" (sein bekannter Buchtitel). Wenn mit der vorliegenden Schrift ein Anstoß zur Rückbesinnung auf genuin wissenschaftsethische Grundsätze in der Klimawissenschaft gelungen sein sollte, dann wäre die vorliegende Arbeit nicht vergebens gewesen.

Übersicht

Es besteht fast ausnahmslose Einigkeit unter Politikern, in den Medien und angeblich auch unter den Wissenschaftlern, daß wir vor einer "Klimakatastrophe" stehen. Ist aber diese Behauptung tatsächlich wissenschaftlich so abgesichert, wie behauptet wird?

Inwieweit tatsächlich ein allgemeiner Konsens vorliegt und nicht vielmehr schwerwiegende Gegenargumente kontrovers zu diskutieren sind, ist Gegenstand von Kapitel 1. [1], [6a]-[6p4]

Im Kapitel 2 zusammengefaßt und z.T. ausführlicher im Anhang A2 werden eine Reihe von *Argumenten* entgegengehalten, die die absolute Gültigkeit des kritikresistenten Klimaparadigmas in Frage stellen:

– CO_2 ist kein Gift, sondern Grundvoraussetzung unserer Lebenswelt und wachstumsfördernd;

– es gibt Anhaltspunkte dafür, daß die CO_2-Klimasensitivität deutlich geringer sein könnte, als die Klimamodelle annehmen;

– da es sich um nichtlineare und chaotische physikalische Prozesse handelt, sind die Klimamodelle grundsätzlich nicht in der Lage, zukünftige Klimaentwicklungen zuverlässig vorherzusagen; dies spiegelt sich auch in bisherigen eklatanten Fehlprognosen wider;

– die jahrzehntelangen Wetteraufzeichnungen geben, im Gegensatz zu ständigen selektierten Pressemeldungen, weltweit keinen Hinweis auf zunehmende Extremwetterereignisse; etc.

– die Einengung des Betrachtungszeitraums auf ab Ende des 19. Jahrhunderts führt zu dem Anschein einer beunruhigenden CO_2-bedingten Klimaerwärmung und deren Folgen; die Erweiterung des Betrachtungshorizonts auf kultur- und erdgeschichtliche Zeiträume zeigt aber, daß es natürliche Phasen mit ähnlichen und höheren Temperaturen und auch mit höheren CO_2-Konzentrationen ohne dramatische Folgen gegeben hat;

– auch gegen die angebliche Einmaligkeit der Schnelligkeit des Temperaturanstiegs im 20. Jahrhundert gibt es Einwände;

– sehr langfristig ist mit einer neuen Eiszeit zu rechnen; es gibt Hinweise für eine kurz- bis mittelfristige Abkühlung statt Erwärmung – wie dem auch sei: jedenfalls waren in der Menschheitsgeschichte Warmzeiten stets Zeiten kultureller Blüte, Kaltzeiten jedoch Krisenzeiten mit Hungersnöten;

– auch auf die, in Fachkreisen kontrovers diskutierte, Kipppunkt-Hypothese wird kurz eingegangen (S. 46).

Das alles heißt aber nicht, daß Entwarnung angebracht wäre und wir uns mit Nichtstun entspannt zurücklehnen dürften. Im Gegenteil: die Lage unserer Welt ist nach wie vor alarmierend, aber – so behaupte ich – nicht primär wegen des Klimas.

Im Anhang C wird gezeigt, daß das Klimaparadigma keiner der für wissenschaftliche Theorien wesentlichen **wissenschaftstheoretischen Kriterien** in Strenge zu genügen scheint: Konsistenz, Nichtzirkularität, Validierbarkeit, Prognosefähigkeit, Ergebnisoffenheit. Sogar von Vertretern des Klimaparadigmas wird eingeräumt, daß es sich nicht mehr um "normale", sondern um "post-normale Wissenschaft" handelt [7].

Es entspricht vielmehr einem religionsähnlichen totalitären *Dogma*: Skeptiker bzw. Kritiker, die es sachlich begründet relativieren, werden als "Klima-*Leugner*" diffamiert und marginalisiert (Kapitel 2).

Im Kapitel 3 wird zu erklären versucht, mit welchen *psychologischen und strategischen Mitteln* die breite Akzeptanz des Klimaparadigmas durchgesetzt wird:

Framing, "Astroturfing", Angsterzeugung [15], selektive und manipulierte Information, instrumenteller Moralismus, weitgehende Gleichschaltung der führenden Medienvertreter. Hinzu kommt, daß eine gewisse gutverdienende Bevölkerungsschicht zur Gewissensentlastung wegen der Diskrepanz zwischen ihrem Lebensstil und ihren moralischen Idealen bevorzugt *Grün* wählt.

Im <u>Kapitel 4</u> [17a]-[25e] wird versucht, die politischen Hintergründe zu analysieren: die Klimapolitik verspricht eine neue Epoche des Wirtschaftswachstums, ist aber vor allem ein lukratives Geschäftmodell [19]-[20a1]. Das Ziel scheint die schrittweise Durchsetzung einer "World Governance" zu sein, gekoppelt mit zunehmenden Regularien und Überwachungstechniken zur Kontrolle der Bürger [24a], [x12]. Durch steigende Belastungen der Bevölkerung findet eine finanzielle Umverteilung statt. Schließlich erfolgt eine Kopplung der beiden großen Ziele der Vereinten Nationen, nämlich der Klimapolitik mit dem globalen Migrationspakt, sowie der Coronapandemie-Politik als Katalysator für eine "Öko-Diktatur".

Das Klimaparadigma ist eine stark verkürzte Interpretation der Wirklichkeit, und *zweifelhafte* Voraussetzungen können zu einer *falschen Politik* führen, wie z.B. die in Deutschland forcierte einseitige Dekarbonisierungs-"Energiewende" [26]-[27t]. Das läßt sich in die Pointe fassen, daß die "Klimarettung" vielleicht mehr Schaden anrichtet als der Klimawandel, und zwar in doppelter Hinsicht: sie führt zu falschen Handlungsmaßnahmen und sie lenkt von den eigentlichen Großproblemen ab. (<u>Kap. 5</u>)

Im <u>Kapitel 6</u> werden dem *Abstraktum* "Klima", welches "gerettet" werden soll, die vor aller Augen brennenden *konkreten* Probleme gegenübergestellt, die für den Bestand der Ökosphäre und das Überleben der Menschheit in nächster Zukunft von entscheidender Bedeutung sind.

Es bestehen i.w. zwei große Problemkomplexe, die mit ungebremstem Wachstum zu tun haben. Zum einen die zügellos ressourcenausbeutende und entropiesteigernde ***Wachstumswirtschaft*** mit den Zyklen Überproduktion und Vernichtung zu Müll oder durch Kriege. Zum andern das immer noch fortschreitende ***Bevölkerungswachstum***. Von beiden leiten sich alle anderen brennenden Probleme ab: Erschöpfung fossiler Energiequellen und Bodenschätze, Verknappung und Degenerierung der lebenswichtigen Ressourcen Trinkwasser und landwirtschaftlich nutzbarer Böden, Vermüllung und Vergiftung der Meere, Vernichtung der Urwälder und Zerstörung von Ökosystemen, Ausrottung unzähliger Tier- und Pflanzenarten; Zunahme von Armut und Hunger und der Schere zwischen Arm und Reich.

Daraus resultiert die Notwendigkeit einer Umorientierung; die **_Prioritätensetzung_** sollte sich nicht mehr in erster Linie auf den "Klimaschutz" konzentrieren (Kap. 6.6).

Auch die zeitliche **_Dringlichkeit_** ist zu relativieren. (Kap. 6.7) Die häufigen Fehlprognosen; Überschätzung der realen Klima-erwärmung um etwa das Doppelte durch die vom IPCC favori-sierten Klimasimulationsprogramme; die mehrfachen Hinweise auf sogar mögliche Abkühlung bis zur Mitte des Jahrhunderts; prinzipielle Ungenauigkeit der Rechenergebnisse in der Größen-ordnung der geschätzten Globaltemperaturänderung (Kap. 2.8): all dies spricht gegen die überstürzte Ausrichtung der Energie-politik an einem fragwürdig unwahrscheinlichen 'Worst Case'.

In dem Buch "*Unerwünschte Wahrheiten*" [x10b] heißt es dazu:

«Wenn die Klimareaktion auf das CO_2 (nur) bei einer Klima-sensitivität [#] ... von 1,3 ^{O}C liegt, haben wir bis 2100 Zeit, um das vorindustrielle Emissionsniveau zu erreichen.» [x10b] S.346
«Wir haben ausreichend Zeit, nach technologischen Lösungen zu suchen, die fossilen Energieträger ohne Wohlstandsverlust und Naturzerstörung abzulösen.» [x10b] S.12 (Kap. 6.7)

Die Diskussion möglicher alternativer Technologien würde den Rahmen der vorliegenden Studie sprengen; daher wird auf die einschlägige Literatur verwiesen, z.B. [x10b] Kap.IX, S.281-324

[#] d.h. bei Verdoppelung der CO_2-Konzentration

17

Im <u>Ausblick</u> (Kap. 7) werden ökonomische, philosophische und pragmatische Aspekte gestreift. Fast ausnahmslos sind die herkömmlichen Wirtschaftstheorien blind gegenüber der Umwelt. Heute gilt es, zwischen den extremen Positionen eines radikalen Anthropozentrismus und eines radikalen Ökologismus, der der Natur einen absoluten intrinsischen Wert und dem Menschen eine untergeordnete Rolle zuschreibt, einen Mittelposition zu finden, die das Überleben der Menschheit und die Verantwortung gegenüber zukünftigen Generationen als anzustrebendes Ziel anerkennt. (Kap. 7.3)

Angesichts der begründeten Skepsis gegenüber dem offiziellen Klimaparadigma einerseits und der Unmöglichkeit zuverlässiger Zukunftsprognosen andererseits befinden wir uns in der schwierigen Lage, mangels gesicherten Wissens zu Entscheidungen und zum Handeln gezwungen zu sein.

Dies birgt die Gefahr mit sich, durch unüberlegte Schnellschüsse in die Fallstricke der **"*Logik des Mißlingens*"** zu gelangen (*Dörner* [0m]): Unterlassen umfassender Aufwands-/ Risiko- und Nutzen-Analyse, Unterschätzung der Komplexität, Mißachtung von Kollateralschäden und schwerster Folgeschäden in naher und fernerer Zukunft, usw. Negativbeispiele sind die deutsche Energiewende- und die Corona-Politik – welch letztere ein fortgesetztes Staatsversagen darstellt: inkonsistente, widersprüchliche und willkürliche Entscheidungen, deren einzige Konsistenz in ihrer verbissenen Beharrlichkeit besteht, mit der dauerhaft ein Angstszenario und ein Ausnahmezustand aufrechterhalten wird, in dem der Bevölkerung ständig ihre Grundrechte entzogen werden.

Sehr zu denken gibt dabei die Aussage des Direktors des Weltwirtschaftsforums, *Prof. Klaus Schwab*, die Corona-Pandemie sei die schwächste seit Jahrhunderten, jedoch eine einmalige

Chance, um einen *'Great Reset'* des gesamten Wirtschafts- und Gesellschaftssystems in Form einer (schon lange geplanten) 'Großen Transformation' durchzusetzen. (Kap. 7.4 und 4.1).

Die natürlichen Änderungen des Wetters und des Klimas und ihrer Faktoren, seien es nun Kalt- oder Warmzeiten, Stürme, Erdbeben, etc. sind unverfügbare Großereignisse, die wir nicht verhindern können. Es ist ein Zeichen *technokratischer Hybris* zu glauben, wir könnten den Gang des Klimas erzwingen – oder ein Virus vernichten.

Unabdingbar ist das Zusammenwirken von Strategien der *Anpassung* und der Vermeidung. Die Menschen müssen sich, wie es immer schon eine Alltäglichkeit menschlicher Zivilisation gewesen ist, an das wechselnde Wetter- und Klimageschehen anpassen, d. h. aber auch, sich nicht nur einseitig auf eine Klimaerwärmung zu fokussieren, sondern auch auf eine mögliche temporäre -abkühlung mit ihren negativen Folgen vorbereitet zu sein. (Kap. 7.6)

Andererseits gilt es, außer der Anpassung an unverfügbare i.w. naturbedingte Ereignisse, den unserer Verfügungsmacht zugänglichen schädlichen Folgen unseres Wirtschaftens durch Strategien der *Vermeidung* entgegenzuarbeiten, wie durch Weiterentwicklung effizienter Technologien zur Reduktion von Umweltschäden, von Emissionen, von Abfall und zu Wiederverwertung durch Recycling und möglichst geschlossenen Stoffkreisläufen. Angesichts der Begrenztheit unserer Ressourcen bedarf es umsichtiger Alternativen, langfristig in Richtung einer Dekarbonisierung der Energiewirtschaft. Letztlich wird aber Selbstbeschränkung und Abkehr von der Wachstums- und Verschwendungswirtschaft unumgänglich sein. Eine auf Nachhaltigkeit auszurichtende Ökonomie erfordert Leitpunkte, die ein "ökologisches Minimum" erfüllen. (Kap. 7.7)

Dieser Studie ist eine umfangreiche Liste von Quellenhinweisen beigefügt, auf die (in der E-Buch-Version) größtenteils durch Klick per Internet zugegriffen werden kann. Die gegebenen Informationen sollten durch die benutzten Quellen nachprüfbar sein. Insbesondere wird Wert darauf gelegt, wenn es um naturwissenschaftliche Fragen geht, sich in erster Linie auf solche Quellen zu stützen, die von qualifizierten Wissenschaftlern auf den Fachgebieten Physik, Chemie, Meteorologie, Klimatologie, Ökologie, Klimageographie und -geschichte stammen. Journalisten und Politiker werden im wissenschaftlichen Bereich weitgehend ausgeklammert.

In einem Artikel wie dem vorliegenden ist es allerdings unmöglich, die physikalischen Erklärungen, die in umfangreichen Studien und Büchern ausgeführt sind, in einer selbst für naturwissenschaftlich gebildete Leser überzeugenden Weise darzustellen. Stattdessen werden die wesentlichen Ergebnisse nur skizziert, aber mit ausführlicher Referenzierung auf Originalquellen bzw. Sekundärliteratur mit Originalbelegen versehen. Die interessierten Leser haben dann die Möglichkeit, sich anhand dieser Quellen von der Tragfähigkeit der Argumentationen selber zu überzeugen.

Im Gegensatz zu den oft polemisch geführten Publikationen der "Klimawarner" wie auch der "Klimakritiker" soll das Prinzip gelten, die Sache sprechen zu lassen und Polemik zu vermeiden.

Die einzelnen Kapitel sind weitgehend unabhängig von einander. So können Leser, die weniger an der Konsensfrage und mehr an den Sachfragen interessiert sind, ohne weiteres das Kapitel 1 überspringen und gleich mit dem Kapitel 2 beginnen.

1. Konsens oder kontrovers? –
"Klimawarner" gegen "Klimakritiker"

1.1 97% Konsens?

Es besteht fast einhellige Einigkeit unter Politikern, in den Medien und angeblich auch unter den Wissenschaftlern, daß wir vor einer "Klimakatastrophe" stehen ; diese sei die Folge einer stetigen Klimaerwärmung, hauptsächlich verursacht durch die von der Menschheit emittierten Kohlenstoffdioxidgase (CO_2). Für dieses (strikte) *"Klimaparadigma"* finden sich im englisch-sprachigen Schrifttum entsprechend die Abkürzungen AGW = *Anthropogenic Global Warming* bzw. ACC = *Anthropogenic Climate Change.*

Ist aber dieses Klimaparadigma tatsächlich wissenschaftlich so abgesichert und besteht ein allgemeiner Konsens von 97%, wie immer wieder behauptet wird [6] ? Tatsächlich gibt es viel-mehr schwerwiegende Gegenargumente [1], [6a]-[6g]; [x10b] S.271-275 .

Der nach einer Veröffentlichung im Jahr 2013 mit frag-würdiger Methodik erzielte angeblich 97%-ige Konsens der Wissenschaftler (*John Cook et al.* [6]) schrumpft - wenn man differenzierter unterscheidet zwischen Einräumung überhaupt eines anthropogenen Beitrags zum Klimawandel, eines gegen-über natürlichen Faktoren überwiegenden, geringeren oder ver-nachlässigbaren anthropogenen Anteils - auf etwa 30% [6b]-[6f] bzw. bei strengen Kriterien auf nur 1,6 % zusammen [6a]. – Der Meteorologe *Prof. von Storch* kam in einer eigenen Studie [6n] zu deutlich anderen Ergebnissen als *Cook.*

Namhafte Physiker, darunter Nobelpreisträger, lehnten das Klimaparadigma ab [4b1], [6g], wohingegen 71 Nobelpreisträger die "*Mainauer Deklaration von 2015 zum Klimawandel*" unter-zeichneten und dabei allerdings nur den Warnungen des *Weltklimarats* IPCC folgten und einräumten, daß sie das nicht als Experten auf dem Gebiet des Klimawandels tun [6h].

Andererseits wandten sich 500 "Wissenschaftler" an den UNO-Generalsekretär Guterres mit der Erklärung *"Es gibt keinen Klimanotfall"* [6i0]-[6i2]. Auf der Gegenseite warnten 11000 "Forscher" vor einem *"Klima-Notfall"* [6p1], [6p2], was wiederum zu kritischer Hinterfragung, um welche angebliche "Forscher" es sich handelte, Anlaß gab [6p3], [6p4], [25b3] .

Auch von prominenter, wenn auch nicht primär wissenschaftlicher Seite, wird Kritik am überhandnehmenden Alarmismus und an der Klimapolitik geübt: der Filmemacher *Michael Moore* mit der Dokumentation [4v], [4v1] *"Planet of the Humans"* und der in den USA 2008 als "Hero of the Environment" ausgezeichnete *Michael Shellenberger* mit dem Buch *"Apocalypse Never: Why Environmental Alarmism Hurts Us All"* [4x].

Die Situation ist also nicht nur für Laien, sondern auch für naturwissenschaftlich Gebildete ziemlich verwirrend, da selbst eminente Autoritäten kontroverser Meinung sind. [5] Grundsätzlich gilt jedoch zu betonen, daß in den Naturwissenschaften die Gültigkeit von Theorien (wie z.B. die Newtonsche Mechanik oder die Relativitätstheorie) nicht auf Konsensbildung über Mehrheitsabstimmungen basiert, sondern auf empirischer Validierung.

Versuchen wir zu klären, welche Parteiungen sich hierbei unversöhnlich gegenüberstehen.

Der Klimaforscher *Prof. von Storch*, der weder als Alarmist noch als Skeptiker bezeichnet werden kann, erkennt in der Haltung von Skeptikern und jener von Alarmisten viele Parallelen: «*Beide sind verstockt, beide geben vor, sich ganz sicher zu sein*». Beim Klima müsse man aber unbedingt differenzieren. [3x3]

---

[5] Nicht unerwähnt bleiben soll der bekannte Biologe *Prof. Ulrich Kutschera*, der in seinem neuen Buch *"Klimawandel im Notstandsland"* das gängige Klimaparadigma zu widerlegen versucht ([x24])

Sehr aufschlußreich – und desillusionierend – sind die umfangreichen Beispiele für das (tiefe) "*Niveau der Klimadebatte*", auf dem Meinungsverschiedenheiten ausgetragen werden. [1q2a]

Von der einen Seite wird die gegnerische als "Klimaleugner", "Ignoranten" oder "Klimaschädlinge" diffamiert. Die andere Seite kontert mit Anfeindungen wie "Klimalüge", "Klima-irrsinn", "Klima-Apokalypse", "Klimahysteriker", "Klima-Alarmisten", während sie selbst für sich die Kennzeichnung "Klimarealisten" oder, um die Infragestellung des offiziellen Klimaparadigmas hervorzuheben, "Klimaskeptiker" in Anspruch nimmt. "Klimaskeptiker" werden aber bereits gleichbedeutend mit "Klimaleugnern" behandelt. Das Umweltbundesamt UBA – zwar in der Sache hart, aber in der Form milder – unterscheidet zwischen "Klima-Warnern" und "Klima-Entwarnern" [32c].

Im folgenden werden die mehr neutralen Bezeichnungen "Klimawarner" bzw. "Klimakritiker" bevorzugt und verwendet.

1.2 "Klimawarner"

<u>IPCC, PIK</u>

Die dominierenden Organisationen der Klimawarner sind der von den Vereinten Nationen gegründete IPCC (Intergovernmental Panel of Climate Change), deutsch: "Weltklimarat", und das PIK (Potsdam Institut für Klimafolgenforschung). Worauf die Namensgebung des IPCC [3c12] und des PIK hinweisen, sind beide nicht ergebnisoffen, sondern setzen die Gültigkeit des vorwiegenden anthropogenen Ursprungs der Klimaveränderungen bereits voraus. Es besteht ein starkes Gruppendenken.

«Die Leitung des Potsdam-Instituts politisiert die Forschung in erheblichem Maß. Die Medien sind bereit, alles zu glauben, wenn es geschickt formuliert wird...

Da gibt es aufgeregte Meldungen ,... die sich teilweise als methodisch problematisch erwiesen haben. ... Es ist nicht gut,

*ununterbrochen mit neuen Alarmmeldungen an die Öffentlich-
keit zu gehen.* » (*Prof. von Storch* [3x2])

Die Klimatologin *Prof. Judith Curry* berichtet [1m4] von einem
Gespräch mit dem früheren IPCC-Präsidenten *Pachauri*, daß er
in den IPCC solche Wissenschaftler gar nicht aufnimmt, die den
Konsens nicht teilen. – *Prof. G. Berkhout* beklagt:[#] «... *kritische
Wissenschaftler werden zum Schweigen gebracht. Als offizieller
IPCC-Gutachter habe ich den bevorstehenden Klimabericht
geprüft und bin zu dem Schluß gekommen, daß es keine Wahr-
heitsfindung mehr gibt,* » (offener Brief vom 11.6.2020) [1c2] S.167f

Prof. Mörner, Stockholm, führend auf dem Gebiet der
Meeresspiegelhöhenbestimmung, kritisiert:

*«If you want a grant for a research project in climatology, it
is written into the document that there must be a focus on global
warming... That's what dictatorships did, autocracies. They
demanded that scientists produce what they wanted.»* [14d] S.36

Die umfangreichen Sachstandsberichte sind meist wissen-
schaftlich solide, jedoch die komprimierten Zusammen-
fassungen "für politische Entscheidungsträger", die nicht von
Naturwissenschaftlern ausgearbeitet werden, weichen in der
Regel stark ab und verkehren zurückhaltende wissenschaftliche
Befunde oft ins alarmistische Gegenteil [10c], [x11] S.17-18 .

Es gibt namhafte Wissenschaftler, die aus Protest gegen die
Manipulationen und die herrschende Intoleranz sich vom IPCC
distanziert haben, z.B. *Prof. J. Curry* [1m4],[#8], der renommierte
Umwelt-Ökonom *Prof. Richard Tol* [##], u.a. [3c1]

Al Gore, Prof. Schellnhuber & Rahmstorf & Lesch
Für diese einflußreichen Männer trifft eher die Bezeichnung
"Klimaalarmisten" oder gar "Klimaapokalyptiker" zu.

Der US-amerikanische Politiker und Geschäftsmann **Al Gore**
wurde, zusammen mit dem IPCC, 2007 mit dem Friedensnobelpreis für seine "*Bemühungen um Bewußtmachung der*

[#] ähnlich schlechte Erfahrungen machte *Dr. habil. S. Lüning* ([4g2])
[##] https://de.wikipedia.org/wiki/Richard_Tol   (20.9.2019)

Klimakrise" ausgezeichnet. Der von ihm produzierte Film "*Eine unbequeme Wahrheit*" hatte weltweit großen Einfluß und wird auch in deutschen Schulen als Lehrfilm gezeigt – wegen deutlicher Fehler darf er in England aber nur noch mit korrigierender Kommentierung an Schulen gezeigt werden [11d]. Eine strenge Sachkritik liegt in einer detaillierten Studie "*Al Gore's Science Fiction: A Skeptic's Guide to An Inconvenient Truth*" vor [11]. *Al Gore* schreckte nicht davor zurück, die "wahren Gläubigen" der Klimaerwärmung mit *Galilei* zu vergleichen und den heißen Sommer 1988 als «*Kristallnacht vor dem Erwärmungs-Holocaust*» [1a1],S.93. Bei ihm verbinden sich Moralismus, Alarmismus und Geschäftstüchtigkeit; er hat mit dem Emissionshandel im "Geschäftmodell Klima" einige Hundertmillionen Dollar verdient [11a]-[11c].

Prof. Schellnhuber gehörte zum Gründungsstab des IPCC, war Gründer und langjähriger Direktor des PIK, war ebenfalls Mitgründer und langjähriger Leiter des WBGU (Wissenschaftlichen Beirats der Bundesregierung Globale Umweltveränderungen) und damit direkter Berater der Regierung *Merkel*, außerdem Mitglied des Club of Rome. In seinem Spätwerk "*Selbstverbrennung*" gibt er sich als Apokalyptiker der Klimaerwärmung.[6] *Schellnhuber* ist von Haus aus nicht Klimawissenschaftler sondern Festkörperphysiker, gilt aber seit seiner Leitung des PIK als "Klimapapst". Seine Aussagen sind oft widersprüchlich und übertrieben alarmistisch, wie etwa die Warnung im Jahr 2014, in 40 Jahren müsse man mit vier bis sechs Grad Erderwärmung und einem Meeresspiegelanstieg von sieben Metern rechnen. [x11] S.10

Sein früherer Mitarbeiter und späterer Nachfolger am PIK **Prof. Rahmstorf**, auch WGBU-Regierungsberater, ist bekannt und berüchtigt wegen seiner - für einen Wissenschaftler ungewöhnlich - "*rabiaten Methoden*" [11p1], mit denen er "Andersgläubige" bekämpft und unter Druck setzt. Er wurde auch schon wegen diffamierender Falschaussage verurteilt [11p2]. Seine

---

[6] es gibt das Gerücht, Schellnhuber sage im vertrauten Zirkel, daß er nicht an den Treibhauseffekt glaubt (*Hanna Thiele*, [1b3] Kommentar #143)

wissenschaftlichen Behauptungen geben nicht selten Anlaß zu Widerspruch. [11m1]-[11n2]

Der Astrophysiker **Prof. Lesch**, dessen Fernsehpräsentationen über Astronomie allgemein als herausragend anerkannt sind, wagt sich als "Welterklärer" zu den verschiedensten Fragen außerhalb seines Fachgebiets Stellung zu nehmen, so auch zum Klima mit alarmistischer Tendenz. Allerdings hinterläßt er den Eindruck, daß er hierbei die Grenzen seiner Kompetenz überschreitet und fehlerhafte Behauptungen verbreitet [11e]-[11h].

Umweltbundesamt UBA

Das UBA wurde schon als "die größte und mächtigste Umweltbehörde Europas" bezeichnet [18a1]. Es stellt Internet-Broschüren zum Klimawandel bereit [32b] und setzt sich mit Klimawandel-Kritikern auseinander [32a]–[32c]. Der Ökologe *Prof. Reichholf* beklagt in einem Beitrag [32d] mit dem Titel «*Schnell wird man zum Klimaleugner abgestempelt*»:

«*Das Umweltbundesamt darf kritische Journalisten in offizieller Broschüre diffamieren ... Ist ein Bundesamt unfehlbar wie der Papst, wenn er etwas ex cathedra verkündet? Sind wir auf dem Weg zu einem 'Wahrheitsministerium'?* »

Sehr bedenklich stimmt eine vom UBA in Auftrag gegebene Studie zur zukünftigen Rolle des Journalismus als "Impact-Journalismus" [18a1],[18a2], d.h. nicht mehr als Vierte Macht, sondern als Werkzeug im Dienst der Politik.

Wikipedia

Dieses angeblich "freie" Internet-Lexikon genügt keinen strengen wissenschaftlichen Gutachterkriterien und vertritt i.w. die MSM(Mainstream-Medien)-Ideologien und PC (political correctness); abweichende Einträge werden gelöscht oder korrektiv verändert. Wikipedia bringt einen über 40-seitigen (!) Beitrag mit dem Titel "*Leugnung der menschengemachten globalen Erwärmung*" [32]. Textmanipulationen im Sinne der übergeordneten Ideologie sind die Regel [32-1], [3c10]. Aufschlußreich sind das neue *Schwarzbuch Wikipedia* [x23] und die Studie mit dem Titel "*Propaganda in der Wikipedia*" [0iw].

<u>Skeptical Science</u>

Diese Website mit dem Untertitel *"Getting skeptical about global warming skepticism"* wird von dem o.g. *John Cook* betrieben, der sich mit seiner Publikation [6] über den angeblichen 97%-Konsens einen Namen gemacht hat und diesbezüglich auch viel kritisiert worden ist. Unter der Rubrik *"Global Warming & Climate Change Myths"* wird tabellarisch fast 200 sogenannten "Klimamythen" (von Laien und Skeptikern) gegenübergestellt, was angeblich dazu "die Wissenschaft sagt" [33a].

<u>Klimafakten</u>

ist deutschsprachig [33b] und vertritt die Thesen des IPCC und PIK; nimmt auch auf *Skeptical Science* Bezug. Zum Beratergremium zählt der PIK-Klimatologe *Prof. Rahmstorf*.

1.3 "Klimakritiker" [#]

<u>GWPF</u> (The Global Warming Policy Foundation). GWPF, geleitet von *Dr. Benny Peiser*, versteht sich als unabhängig und neutral, nicht eigentlich als "klimaskeptisch", Zum wissenschaftlichen Beirat zählen namhafte Physiker. Hauptfokus sind die Analyse der Klimapolitik und ihre wirtschaftlichen, sozialen, u.a. Implikationen. [#2]

<u>WUWT</u> (Watts Up With That) ist eine der informativsten Klimaseiten im Internet; wird von dem früheren TV-Meteorologen *Anthony Watts* betrieben. [#1]

Die üble Rolle der **Petroindustrielobby** u.a. – besonders in den USA – soll nicht verschwiegen werden ([35],37],[39a]). Sie dürfte bei uns aber kaum noch eine Chance haben, da in Deutschland, das ja weltweites Vorbild sein möchte, die Klimawarner in Politik und Medien meinungsführend sind und auch die Autoindustrie "auf Linie" gebracht ist. Wenn *P. Grassmann* von «vermutlich das größte Wirtschaftsverbrechen, das die Menschheit je erlebt hat» ([39a]) spricht, dann ist das in dieser Drastik auch seiner Überzeugung von der Unzweifelhaftigkeit der "Klimakatastrophe" im Sinne des strikten Klimaparadigmas geschuldet.

EIKE (Europäisches Institut für Klima & Energie) führt kein eigentliches Forschungsinstitut, sondern nur ein Büro in Jena; organisiert Tagungen mit Wissenschaftlern zu Klimafragen, deren Vorträge auf der Website verfügbar sind [#3]. Mitarbeiter bzw. Eingeladene sind u.a. emeritierte Universitätsprofessoren, die sich im Ruhestand offener zu äußern wagen. Die EIKE-Website ist eine der informativsten deutschsprachigen zum Themenkreis Klima aus kritischer Sicht. [7] Von gegnerischer Seite (BUND, Wikipedia, u.a.) wird versucht, EIKE in ein Anti-Klimawandel-Lobby-Netzwerk einzuordnen und auf diese Weise pauschal zu diskreditieren [32], [34], [38], allerdings ohne sich auf *sachlicher Ebene* inhaltlich damit auseinanderzusetzen.

Kaltesonne.de und Klimaargumente.de sind von *Prof. Fritz Vahrenholt* geleitete Websites. Er hat Verdienste im Umweltschutz [8] , u.a. [3c9] auch als SPD-Umweltsenator in Hamburg; bei Shell und RWE fungierte er als Fachmann für Regenerative Energien. Im Vorwort zu dem mit *Dr. Sebastian Lüning* herausgegebenen Buch "*Die kalte Sonne*" [x10a] bzw. in der im Herbst 2020 erschienenen erweiterten Neuauflage mit dem Titel "*Unerwünschte Wahrheiten*" [x10b] beschreibt er seine Vorgeschichte und wie er, der zuerst ein eifriger Vertreter des Klimaparadigmas des IPCC gewesen war, im Lauf der Zeit an einigen Punkten der Dogmatik des IPCC zu zweifeln begann. *Vahrenholt* und *Lüning* begründen die These, daß die Klimaerwärmung nur etwa zur Hälfte durch anthropogene Einflüsse verursacht werde und der Rest natürlichen Ursprungs sei, und werden deshalb als "Klimaleugner" diffamiert. Auch wenn man diese These nicht als endgültig bewiesen ansieht, so sollten die dafür sprechenden wissenschaftlichen Argumente zumindest als diskutabel zugelassen werden. Die genannten Websites und das Buch sind sehr informativ und enthalten umfangreiche wissenschaftliche Sachkenntnisse mit Originalquellenangaben.

---

[7] Unabhängig von den klimawissenschaftlichen Sachthemen wird seitens EIKE, in Anlehnung an die Politik unserer Nachbarländer, die Kernenergietechnik als emissionsarme und effizienteste Form der Energieerzeugung bezeichnet.

[8] Mitautor "*Seveso ist überall. Die tödlichen Risiken der Chemie*" (1986) (Vorwort von *Erhard Eppler*)

1.4 Konformitätszwang und Stigmatisierung

Hauptsächlich besteht die Argumentationsstrategie der Klimawarner gegen die Klimakritiker, aber auch umgekehrt, darin, Behauptungen als feststehende Fakten zu wiederholen, ohne auf die Einwände des Gegners einzugehen. Hinter dieser Methode ständiger *Selbstwiederholungen* (*repetitive Selbstaffirmation*) steckt die psychologische Erfahrung, daß die unentwegte Wiederholung einer Behauptung (sei sie nun wahr, eine Fehlinformation oder eine Lüge) schließlich als Faktum geglaubt wird. Penetranteste Beispiele sind der ständige Verweis auf den angeblichen "97%-Konsens" unter den Klimawissenschaftlern und die Behauptung, *Michael Mann*'s "Hockeyschläger-Kurve" sei vielfach nachgeprüft und bestätigt worden; die Widerlegungen werden aber einfach ignoriert.

Zu dieser Haltung gehört ein strenger *Konformitätszwang* und ein striktes *Gruppendenken*, das abweichende Meinungen nicht zuläßt, wie oben bereits im Zusammenhang mt dem IPCC bemerkt wurde. Ein Opfer von Ausgrenzung und Verfolgung war u.a. der Klimaforscher *Prof. L. Bengtsson*,[9] vormaliger Direktor am Max-Planck-Institut für Meteorologie [x12], S. 291. Ein weiterer Fall ist die "*Verunglimpfung des Dr. W. Soon*"[1x1], [1x2], dessen Forschungsergebnisse konsenswidrig gegen eine Dominanz anthropogener Klimawandelursachen sprechen. [1w], [1w1]. Weitere Beispiele bei *H. Kehl* [1q].

Eine andere übliche Strategie besteht darin, einen Autor oder Vortragenden nicht durch die Sache, die er vertritt und begründet, sondern durch den Ort, wo er sich äußert, zu diskreditieren, etwa aufgrund einer Einladung durch eine gebrand-

---

[9] https://de.wikipedia.org/wiki/Lennart_Bengtsson (8.3.2020)

markte Partei [10] oder dadurch, daß die Organisation, in deren Rahmen er auftritt, finanzielle Zuwendungen aus industrienahen Quellen erhalten hat. Einer solchen Diskreditierung durch **"Kontaktschuld"-Stigmatisierung** liegt freilich ein logischer Fehler zugrunde, nämlich ein **assoziativer Fehlschluß**, da es ja allein auf die *sachliche* Richtigkeit von Darlegungen ankommt und nicht, *wo* diese dargelegt werden. – Umgekehrt wäre es auch gerechtfertigt, den Klimawarnern Eigeninteresse vorzuhalten, da sie sich aus staatlichen Quellen, Stiftungen mit eindeutiger Agenda bzw. aus Spenden finanzieren, wobei Spendenbereitschaft durch ständige alarmistische Meldungen aufrecht erhalten wird (WWF, Greenpeace, BUND, usw.).

Eine beliebte Methode ist auch die des **selektiven Fehlerpickens**: eine Schrift oder ein Vortrag wird auf kleine Fehler oder Unstimmigkeiten, die in Wirklichkeit an der Gesamtaussage nichts ändern, durchforstet und deswegen verallgemeinernd als Ganzes für nichtig erklärt. Beispielsweise wurde der Klimakritiker *Prof. Kirstein*, der lehrreiche Vorträge hält und inzwischen auch ein Buch [+] herausgegeben hat , "zerrissen", indem man einige Ungenauigkeiten in seinen Darstellungen aufdeckte und aufblähte [4e5], [4e6].

Das ist ein Hinweis darauf, daß Kritiker des Konsensparadigmas in besonderem Maße penibel auf die Unangreifbarkeit und Exaktheit ihrer Aussagen achten müssen.

---

[10] z.B. die AfD, die bekanntlich u.a. von früheren CDU-Mitgliedern als Opposition gegen die Linksdrift der CDU und Abkehr von konservativen Leitwerten unter der Kanzlerin Merkel gegründet worden war

[+] Werner Kirstein, *Klimawandel - Realität, Irrtum oder Lüge?: Menschen zwischen Wissen und Glauben,* (Osiris-Verlag), Juli 2020

2. Wissenschaftlichkeit des Klimaparadigmas?

Im folgenden werden die Argumente zugunsten des herrschenden Paradigmas als i. w. bekannt vorausgesetzt. Stattdessen soll im Gegenzug bewußt selektiv den nach wissenschaftlichen Kriterien durchaus ernstzunehmenden Gegenargumenten von kritischen Wissenschaftlern, die seitens des Mainstream und des IPCC ignoriert werden, Gehör geschenkt werden. Das Prinzip Argumente versus Gegenargumente bzw. *"Vermutungen und Widerlegungen"* (*Karl Popper*) ist grundlegend für wissenschaftliche Forschung. Ganz im Widerspruch dazu steht das überhebliche und auf Einschüchterung abzielende Dogma des IPCC, daß die Klimadebatte endgültig "settled" (abgeschlossen) sei. Hier soll im Gegenteil deutlich herausgestellt werden, daß die Klimadebatte noch mit vielen unabgeschlossenen Fragen und Problemen behaftet ist und keineswegs als "abgeschlossen" betrachtet werden kann. Es geht hierbei nicht um eine generelle Widerlegung des gängigen Klimaparadigmas, sondern darum, seinen Absolutheitsanspruch zu relativieren.

Um sich mit wissenschaftlichen Klimafragen kritisch auseinanderzusetzen, stehen eine Reihe informativer Websites [#1]-[#9], Bücher, zahllose Publikationen in Fachzeitschriften [1]-[1z], populärwissenschaftliche Artikel [2]-[3t] und Video-Vorträge, Filme bzw. Interviews [4-0]-[4v] zur Verfügung.

Besonderes Gewicht hat die Sammlung [1] *"1350+ Peer-Reviewed Papers Supporting Skeptic Arguments..."*.

Es gibt einige populäre Einführungen [3t], [3a1], [3a2], [3q], oder die Petition *"16 Klimafragen an die Abgeordneten des Bundestags"* anfangs 2020 [4u], die sich aber mangels vollständiger wissenschaftlicher Quellenangaben wenig zur Vertiefung eignen. – Geeigneter ist die 36-seitige Schrift *"Latest Climate Science"*, eine lehrbuchartige Darstellung [1v] mit vielen Diagrammen und über 100 wissenschaftlichen Nachweisen.

Sehr instruktiv eine Serie thematisch gegliederter Übersichtsdarstellungen des *American Institute of Physics* (AIP) mit dem Titel "*The discovery of global warming*" mit Hyperlinks zu einer Vielzahl von Originalpublikationen [#9], [x26-0]-[x26-8]; der Schwerpunkt liegt bei dem historischen Für und Wider der Hypothesen und Forschungsergebnisse bis heute.[11]

Sehr informativ ist das bereits erwähnte Buch der Autoren *Vahrenholt & Lüning*: "*Unerwünschte Wahrheiten: Was Sie über den Klimawandel wissen sollten*" [12], in dem 50 Fragenkomplexe zur Klimawandelproblematik behandelt werden [x10b]; um den Umfang dieses voluminösen Werks nicht zu sprengen, wurden die wissenschaftlichen Originalquellen ins Internet [x10c] ausgelagert, mit dem Vorteil, daß sie dort direkt per Klick zugänglich sind.

Ebenfalls empfehlenswert das Buch "*Probleme beim Klimaproblem*" des Physikers *Dr. E. Roth*, der sachlich ausgewogen und ohne Polemik darlegt, was als gesichert gelten kann, was andererseits mit großen Unsicherheiten behaftet ist und inwiefern insbesondere die deutsche Klimapolitik zum Scheitern verurteilt ist. [x9]

Eine weitere informative Quelle ist das Buch [x11] von *G. Vogl* mit reichlichen Diagrammen, Tabellen und wissenschaftlichen Referenznachweisen.[13]

Eine unabhängige und sehr ergiebige Quelle ist die ins Internet gestellte exzellente Vorlesungsausarbeitung (mit ausführlichen Zusatzinformationen und umfangreichen Originalquellenangaben) [1q]-[1q7] des Ökologen *Dr. habil. H. Kehl*, vormals TU Berlin, auf die ich mich häufig stützen werde. Seiner wissenschaftsethischen Grundhaltung ist voll zuzustimmen:

---

[11] Autor *Spencer Weart* promovierter Physiker, auf die Geschichte der Physik und Geophysik spezialisiert hat; i.w. vertritt er aber das gängige Klimaparadigma

[12] zutreffender sollte es "Fakten" heißen, da es in der Wissenschaft keine unumstößlichen "Wahrheiten" gibt; der Titel wurde wohl vom Verlag so gewählt.

[13] trotz des provokativen Titels *"Die erfundene Katastrophe"* und der gelegentlichen Neigung zu Polemik eine reiche Fundquelle von Sachinformationen

«*Um Missverständnissen vorzubeugen ...: Die explizit nachhaltige sowie - im Kant'schen Sinne - gerechte und verantwortungsvolle Nutzung unserer Umwelt und ihrer Ressourcen muss oberstes Gebot unseres Handelns sein. Dabei ... darf es nicht sein, dass - zur Erreichung dieser Ziele (und mögen sie noch so ehrenhaft sein, was aber oft auf der polit-ökonomischen Bühne mit grossem Recht angezweifelt werden darf) - der Zweck die Mittel heiligt....*»* [1q2d]*.

Der Autor ... favorisiert die Position einer skeptischen Wissenschaft, welche die Diskussion um die "CO_2-Hypothese" [1q4] keinesfalls für abgeschlossen hält. Und weiter:

«*Es besteht kein Zweifel daran, dass menschliche Tätigkeit einen negativen Einfluss auf die Atmosphäre **haben kann** und eine nachhaltige Umweltpolitik (und nicht alleine der Klimaschutz) national und international höchste Priorität **haben sollte**. Vor allem ist unbestritten, dass die fossilen Energieträger endlich und nicht erst seit gestern hart umkämpft sind und dringend nach Alternativen gesucht **werden muss**. Auch vor dem Hintergrund, dass der Weltenergiebedarf in den nächsten Jahren rapide steigen wird und sich demnächst verdoppeln wird. Alles das ist absolut richtig! Fraglich ist aber nach wie vor, wieweit massgeblich erhöhter CO_2-Gehalt für die gegenwärtige Zunahme globaler Temperaturen verantwortlich ist und wieweit CO_2 als "Klimakiller" bezeichnet werden darf. Mittlerweile bezweifeln etliche Wissenschaftler die zentrale Rolle des Kohlendioxids im komplexen Klimagefüge.*»* [1q5]*

«*Der nachhaltige Umgang mit begrenzten Ressourcen, vor allem fossilen Energieträgern, ist für die Zukunft von elementarer Bedeutung. Die Begründung für das notwendige Handeln steht jedoch auf extrem tönernden Füßen.* »* [1q4]*

Um die Lesbarkeit nicht zu überfrachten, habe ich wissenschaftliche und erkenntnistheoretische Details in den Anhang A verlagert. Auch werden dort die Definitionen *"(striktes) Klimaparadigma"* und *"offenes Klimaparadigma"* präzisiert.

Stichpunktartig lassen sich **die wesentlichen Fragestellungen** so zusammenfassen:

– CO_2 ist kein Gift (außer > 100-fach höher konzentriert), sondern Grundstoff allen Lebens und wachstumsfördernd;

– nicht CO_2 , sondern Wasserdampf ist das dominierende Treibhausgas;

– die Klimasensitivität des CO_2 ist, wofür verschiedene Argumente vorliegen, vermutlich deutlich unter 1 Grad Celsius, im Gegensatz zu den Modellrechungen des IPCC;

– es gab Zeitalter mit höheren Temperaturen als heute und unabhängig davon auch viel höheren CO_2 -Konzentrationen als heute; in der Kulturgeschichte waren wärmere Epochen kulturelle Blütenzeiten, kältere aber Krisenzeiten;

– auch der steile Temperaturanstieg im 20. Jahrhundert scheint historisch nicht so einzigartig zu sein, wie behauptet wird;

– da es sich um nichtlineare und chaotische physikalische Prozesse handelt, sind die Klimamodelle grundsätzlich nicht in der Lage, zukünftige Klimaentwicklungen zuverlässig vorherzusagen; dies wird auch durch bisherige eklatante Fehlprognosen bestätigt;

– die jahrzehntelangen Wetteraufzichnungen weltweit geben, im Gegensatz zu selektierten Pressemeldungen, keinen eindeutigen Hinweis auf zunehmende Extremwetterereignisse; etc.

Die Stichpunkte werden nun kurz erläutert, ausführlichere Details sind im Anhang <u>A2</u>:

2.1 Kohlenstoffdioxid CO₂: Gift oder Lebenselixier?

– CO_2 kommt mit nur etwa 0.04 Volumenprozent (= 400 ppm) in der Atmosphäre als Spurengas vor und ist für die Photosynthese der Pflanzen und somit das Leben überhaupt ein essenzieller Stoff und nicht ein Gift. Ohne CO_2 gäbe es weder uns, noch Pflanzen und Tiere und Nahrungsmittel.

– Höhere CO_2-Konzentrationen fördern Pflanzenwachstum und Erträge; dies wird auch in kommerziellen Gewächshäusern durch Zuleitung von CO_2 genutzt.

– Wir, einschließlich unsere Haus- und Nutztiere, scheiden als Stoffwechselprodukt durch die Atmung CO_2 aus, der Mensch etwa 0,8 kg CO_2 täglich. Allein die Menge an CO_2, die von den über 7 Mrd. Menschen ausgeatmet wird, macht immerhin etwa 1/15 des gesamten CO_2-Ausstoßes der Menschheit aus, und das entspricht etwa der gleichen Größenordnung, die durch den Straßenverkehr verursacht wird.

– Daß in der Erdgeschichte die CO_2-Konzentration der Temperatur nachhinkt, gibt Anlaß zum Zweifel an der These, CO_2 sei die Hauptursache für die Klimaerwärmung.[1u], [3s]

2.2 Kontroverse um CO_2-Treibhauseffekt und Klimasensitivität

Die Studie *Falsifizierung der atmosphärischen CO_2-Treibhauseffekte im Rahmen der Physik"* (*Prof. Gerlich* [1b1]-[1b3]) , die separate Herleitung von *U. Weber* [x13] S.54f (Geophysiker) bzw. die "*Kritische Analyse zur globalen Klimatheorie"* [1c],[1c2] von *Agerius* könnten das Klimaparadigma grundsätzlich in Frage stellen, setzen allerdings Physikkenntisse voraus, die in der Regel sowohl dem Normalbürger als auch den Politikern fehlen, und daher kaum breitenwirksam vermittelbar ist. Wir werden uns daher nicht darauf abstützen.

Wenn trotzdem die Gültigkeit eines CO_2-Treibhauseffekts bzw. eine nennenswerte CO_2-Klimasensitivität vorausgesetzt wird, dann stellen sich drei Fragen:

1. der Anteil des CO_2 im Vergleich zu anderen Treibhausgasen,
2. das Ausmaß der sog. CO_2-Klimasensitivität,
3. der menschengemachte Anteil (s. Kap. 2.5)

Der CO_2-Anteil:

Kohlendioxid ist mit ca. 15-20% Anteil an der gesamten Treibhauswirkung in der Atmosphäre nicht Treibhausgas Nummer eins, sondern mit über 60% Anteil ist es Wasserdampf.

Die CO_2-Klimasensitivität [4-1] (ausführlicher im Anhang A2.2a)

Darunter wird die mittlere globale Temperaturerhöhung ΔT bei Verdoppelung der CO_2 -Konzentration (aktuell von ca. 0.04% = 400 ppm auf 800 ppm) definiert. Es besteht Einigkeit darüber, daß sich der Effekt nicht linear, sondern logarithmisch verhält, d. h. bei jeder weiteren Verdoppelung der CO_2-Konzentration erhöht sich die Temperatur nur um weiteres ΔT. Einigkeit besteht auch darüber, daß $\Delta T = \Delta T_0$ = ca. 1,2 Grad unter idealisierten Laborbedingungen beträgt. Uneinigkeit besteht darüber, ob sich dieser Wert unter natürlichen atmosphärischen Bedingungen in Wechselwirkung mit Wasserdampf verstärkt. [4-1] Eine solche Wasserdampfverstärkung ist in den Klimamodellen eingebaut und liefert eine Verstärkung der Klimasensitivität um das Mehrfache auf zwischen 1,5 und 4,5 Grad.

Die Modellrechnungen stehen aber im Widerspruch zu Messungen mit Radiosonden und Satelliten in der Atmosphäre, die eine Wassergehaltsabnahme und somit negative Rückkopplung [14] ergeben haben, d.h. der Verstärkungsfaktor ist < 1 und die Klimasensitivität liegt unter 1 Grad; dies wird auch an anderer Stelle bestätigt [1v] S.4-6. Andere Autoren, nämlich *Kauppinen* et al. [1d] bzw. *Agerius* [1c], [1c2], kommen unabhängig von einander sogar auf eine Klimasensitivität von nur 1/4 Grad.

---

[14] auch der namhafte Meteorologe *Prof. Lindzen* vom MIT rechnet mit einer negativen Rückkopplung [1a1]; MIT=Massachusetts Institute of Technlogy, eines der führenden Wissenschaftsinstitute der Welt

2.3 Der Streit über Hockeyschläger-Kurven und frühere Warmzeiten

Der inbesondere mit der Auswertung von Eisbohrkernen erfahrene Forscher *Dr. Jaworowski* hat "skandalöse" Datenmanipulationen bei einer Reihe von "Hockeyschlägerkurven" aufgedeckt [1u] (s.a. Kap. 3.4). –

Die bekannteste Hockeyschläger-Kurve geht auf eine Veröffentlichung 1998 durch *Dr. Michael Mann* et al. [9] zurück und ist zu einer tragenden Stütze des Klimaparadigmas [9d] geworden. Sie beruht u.a. auf dendrochronologischen (von Baumringen) und Eiskern-Analysen. Das Spektakuläre der damit gewonnenen Temperaturkurve der letzten 600 Jahre ist die Verlaufsform: der lange Verlauf bis zum 20. Jahrhundert und dann der plötzliche Knick und steile Anstieg. Diesem steilen Anstieg korrespondiert der massiv zunehmende Verbrauch fossiler Brennstoffe seit etwa 1950 und der damit verbundene kontinuierliche Anstieg der CO_2-Konzentration. Damit liegt ein tragendes "Beweisstück" für die anthropogene Klimaerwärmung vor. –

Generell ist an der Hockeyschläger-Kurve zu kritisieren, daß sie die bekannte Mittelalterliche Warmzeit (MAW) vor 1400 ignoriert und die darauf folgenden Phasen der bis ca. 1850 dauernden Kleinen Eiszeit (KEZ) kaum mehr erkennbar sind. - In einer tiefergehenden Studie [9a] konnten schwerwiegende Fehler in dem Papier von *Mann et al.* nachgewiesen werden: Manipulationen an den verwendeten Temperaturdaten und Trimmung der angewandten mathematischen Verfahren in Richtung der erwünschten Ergebnisform. Nach Bereinigung ergibt sich ein ganz anderer Kurvenverlauf, bei dem die MAW und KEZ wieder deutlich erkennbar ist [1y1], [9e], [9f]. Wie die Debatte weiterging [9c], ähnelt einem "Krimi" [3m].

Ausführlichere Beispiele zu früheren Warmzeiten werden im Anhang A2.3 aufgeführt. Im Großteil der Erdgeschichte lag die mittlere Globaltemperatur bei 22, in Kaltzeiten bei 12 Grad, während sie aktuell bei ca. 15 Grad Celsius liegt. Einzelne Extremereignisse hat es in der Geschichte immer wieder gegeben, so etwa das katastrophal heiße und trockene Jahr 1540, das bis heute nicht überboten worden ist [5n],[5n1]. Im allgemeinen sind aber Kaltzeiten in der Regel lebensfeindlicher als Warmzeiten und waren Warmzeiten in der Menschheitsgeschichte Zeiten kultureller Blüte.

2.4 Einzigartiger Temperaturanstieg im 20. Jh.?

Zwischen 1860 und heute soll sich die mittlere Temperatur um etwa 1,2 Grad Celsius erhöht haben. Der Temperaturverlauf läßt sich in 4 Abschnitte aufteilen[1m4], von denen die letzten drei wie folgt gekennzeichnet sind: zwischen 1920 und 1940+ Temperaturanstieg, bis ca. 1970+ Abkühlung, bis 1998 Temperaturanstieg, ab ca. 2000 ein über 10 Jahre dauerndes Innehalten (Hiatus) des Anstiegs.[1v] Fig.1&5 Bemerkenswert, daß die bis in die 1970er Jahre dauernde Abkühlungsphase zu Warnungen vor einer kommenden Eiszeit geführt hatten [13a1] – [13b], und erst in der folgenden Erwärmungsphase kam der Klimaerwärmungsalarm auf, der aber inzwischen durch die Warnung vor dem "Klimawandel" abgelöst wurde, nachdem ersterer durch den Hiatus etwas an Überzeugungskraft verloren hatte.

Die deutliche positive Korrelation zwischen CO_2-Zunahme und Erwärmung in dem kurzen Zeitraum zwischen den 1970er und Ende der 90er Jahre dient als "Beweis" für die menschengemachte Klimaerwärmung. Ein Rätsel bleibt die Erwärmungsphase zwischen den 1920er und 1940er Jahren, als die Treibhausemissionen vergleichsweise gering waren, und ein weiteres Rätsel ist die ab ca. 2000 über ein Jahrzehnt andauernde weitgehende Stagnation der Erwärmung trotz weiterhin starken Anstiegs der Emissionen.

Grundsätzlich sind Behauptungen wie "noch nie dagewesener schneller Temperaturanstieg" mit Mißtrauen zu betrachten.[15]

---

[15] eine Ausnahme ist die rezente *anthropogene* Zunahme der CO_2-Konzentration

Denn schon aus erkennistheoretischen und logischen Gründen sind solch generelle und ausschließliche Behauptungen kaum beweisbar und sollten deshalb in der Wissenschaft keinen Platz haben. Dies liegt schon an der zeitlichen und räumlichen Lückenhaftigkeit der aus der Vergangenheit verfügbaren Proxydaten und der prinzipiellen Restfehler der daraus geschätzten Temperaturwerte. Zweitens sind die aus Proxydaten gewonnenen Werte meist unterschätzt und führen nach Anstückelung an direkte Meßwerte aus neuerer Zeit zu einer Überschätzung des Anstiegs (*Jaworowski* [1u], siehe Seite 55). Hinzu kommt drittens, daß als Startpunkt des Temperaturanstiegs das Ende der "Kleinen Eiszeit" bzw. der Krakatau-Vulkanausbruch 1883 gewählt wird, wonach, bereits ohne menschliches Zutun, *natürlicherweise* ansteigende Temperaturen zu erwarten waren.

Dazu sei auf die bemerkenswerte Studie "*On the recovery from the Little Ice Age*" (*Akasofu* [5p], [5p1]) verwiesen. Demnach sollten die natürliche Erholung des Temperaturgangs nach der "kleinen Eiszeit" und andere natürliche Einflußgrößen, wie die Solaraktivität und die ozeanische Multidekadenoszillation, in Rechnung gestellt werden, bevor man die Erwärmung im 20. Jh. einzig und allein dem Kohlendioxid zuschreibt. Dies berücksichtigend, kommt *Akasofu* auf einen mittleren Temparaturanstieg von nur ca. 0,6 Grad im Jahrhundert. [5p] Fig.4b & Fig.9

Schließlich gibt es mehrere Beispiele für steilere Temperaturgradienten in den letzten 10.000 Jahren geschichtlicher Zeit (*Vogl* [x11] S.170-175) . Diese Phase soll sogar relativ temperaturstabil gewesen sein, während in den letzten 110.000 Jahren große und schnelle Temperaturänderungen nicht selten waren, wie Eiskernanalysen ergeben haben [1qx] p.23 : «*Especially astonishing are the very short times needed for major warmings. A temperature increase of 5°C can occur in a few decades.*»

2.5 Die Frage nach dem anthropogenen Anteil

Daß die Menschen durch Industrieemissionen, Abholzungen, Überbauungen, Atomwaffenexplosionen, riesige Wasserstauprojekte, Geoengineering [20c], etc. lokales, u.U. sogar großräumiges Wetter beeinflussen können, ist unbestritten. Ob im *globalen* Maßstab das Weltklima insgesamt, ist nicht ausgeschlossen.

Der anthropogene CO_2-Ausstoß beträgt nur etwa 3 - 5 % des natürlichen, von dem der Anteil des Meeres der bedeutendste ist. Kühleres Wasser bindet mehr CO_2, bei Erwärmung wird wieder mehr CO_2 in die Atmosphäre abgegeben. Damit dürfte zusammenhängen, daß die Zunahme der CO_2-Konzentration in der Atmosphäre der Temperaturerhöhung nachhinkt.

Aus der Hockeyschlägerkurve (im Kap. 2.3 und Anhang A2.3) und dem Temperaturanstieg im letzten Viertel des 2. Jh. (Kap. 2.4) ist bereits geschlossen worden, daß diese Klimaerwärmung menschengemacht sei, weil parallel dazu die CO_2-Konzentration der Atmosphäre stark angestiegen ist.

Der anthropogene Anteil:

Von weitreichender Bedeutung ist die Frage nach dem *Anteil*, mit dem die anthropogenen Emissionen im Vergleich zu natürlichen Ursachen zu der *Erwärmung* beitragen. Denn davon hängt das Ausmaß bzw. hängen die Erfolgsausichten der zu planenden bzw. geplanten Dekarbonisierungsmaßnahmen entscheidend ab. Bezüglich des geschätzten anthropogenen Anteils gibt es beträchtliche Diskrepanzen, wobei der IPCC diesen Anteil zwischen 2013 und 2018 von « *wahrscheinlich größer als 50%* » ohne Angabe von Gründen auf ganze « *100%* » erhöht hat [x25] S.78. Wissenschaftliche Studien stützen jedoch mehr die Annahme von etwa der Hälfte natürlichen Anteils (Ausführlicheres siehe Anhang A2.4). Es drängt sich der Verdacht auf, daß der IPCC aus politischen Gründen am ausschließlich *anthropogenen* Klimawandelanteil festhält, um die anvisierten "Klimaziele" durchzusetzen.

2.6 Zunahme von Extremwetterereignissen?

Ein wenig bewußt gemachtes Phänomen ist die zeitlich selektive Berichterstattung und Wahrnehmung lokal und regional auftretender extremer Wetterereignisse.

«Eines ist zweifellos richtig: Die Meldungen über extreme Wetterereignisse - als angebliche Folge des Klimawandels - haben deutlich zugenommen. Auch wenn keine belastbaren Beweise für derartige Behauptungen vorliegen, so wird doch ... - auch vom IPCC - auf subtile Weise suggeriert, ein Zusammenhang könne nicht ausgeschlossen werden. » [1q2c]

Tatsächlich zeigt die Statistik weltweiter Hurricanes zwischen 1980 und 2016 keine Zunahme der Häufigkeit und Stärke, eher eine geringe Abnahme (Curry [1m1] Fig. 3.1). Weder die Häufigkeit von weltweiten Dürren oder wetterkatastrophenbedingten Schäden, noch von Regenniederschlagsanomalien in Deutschland haben zugenommen (*Puls* [4-3]). Laut Bundesamt für Seeschifffahrt und Hydrografie gibt es nicht mehr Sturmfluten als vor 50 Jahren und ist kein steigender Trend bei der Häufigkeit und Intensität erkennbar [x12] S.41. Weitere kritische Stimmen sind *H. Kehl*: "*Zu- oder Abnahme von extremen Wetterereignissen - stimmt das?*" [1q2e] und *K.-E. Puls*: "*Extremwetter-Ereignisse: Was finden die Wetterdienste? Was schreibt der Klimarat IPCC?*" [4-3].

2.7a. Gletscherschmelze und Meeresspiegelanstieg [#]

Das Schmelzen vieler *Gletscher* ist die Folge der natürlichen Erwärmung nach der "Kleinen Eiszeit" ab Mitte des 19. Jh. Daß durch das Schmelzen Pflanzenreste und fossile Baumstümpfe

---

[#] siehe auch [x10b] Kap.III (S.133 ff) und Kap. V (S.211 ff)

freigelegt werden, ist ein Beweis für die Existenz vormals noch wärmeren Klimas. [1p]-[1p2] Dies bestätigen auch die Forschungen des Innsbrucker Hochgebirgs- und Polarforschers *Prof. Gernot Patzelt*, der die Temperaturentwicklung vorwiegend auf natürliche Ursachen zurückführt [1p], [1p*]. Nach Auffassung des Alpen-Glaziologen *Dr. Holzhauser* wird der größte Alpengletscher, der Aletschgletscher, auch bei der bisherigen Schrumpfung noch einige Generationen überdauern; zum vollständigen Abschmelzen bedürfte es einer Temperaturerhöhung um 8,5 Grad [1p2] .

Das Abschmelzen des Eises auf dem **Kilimandscharo** in Afrika hat nichts mit einer globalen Klimaerwärmung zu tun. Die Temperaturen im Gletscherbereich sind im Durchschnitt –7 Grad und im Sommer nicht über –2 Grad. Jedoch fallen weniger Niederschläge, die das Schneereservoir auffüllen [x11] S.154. Die regional zunehmende Trockenheit ist offensichtlich eine Folge des Abholzens des früher für die Wolkenbildung sorgenden Regenwaldes am Fuß und in der Umgebung des Berges.[14d] S.36

In **Grönland** [1v] Fig.12 sind die Temperaturen relativ stabil seit 1860, die arktischen Temperaturen sind seit 2007 relativ stabil und aktuell [1v] S.10-11 ähnlich denen zwischen 1930 und 1940. Zu Grönland: Ostgrönland schmilzt nicht; Westgrönland schmilzt zwar, aber das schon seit mindestens 200 Jahren, und die Rate des Schmelzens hat in den letzten 50 bis 100 Jahren abgenommen! Gegenteilige Behauptungen sind falsch. (*Mörner* [14d] S.36)

Es wird bei Meldungen über den Rückgang arktischen Eises oft vergessen, daß die arktische Eisdecke schwimmt und daher beim Schmelzen keinen Meeresspiegelanstieg verursacht.

Es gibt eine sog. "Klimaschaukel", d.h. gegenläufiges Klimaverhalten in der Antarktis und Arktis. Im südlichen Ozean der Südhalbkugel fallen die Oberflächenwassertemperaturen seit 1980 und liegen unter dem langzeitigen Mittelwert [1v] Fig.14.

Gemäß *Prof. Mörner* von der Universität Stockholm, einem der weltweit führenden Spezialisten der ***Meeresspiegelforschung***, ist der bis zum Jahr 2100 zu erwartende Anstieg, wenn überhaupt, höchstens 20 cm (10 cm mit einer Unsicherheit von ±10 cm) [14d] S.37 . Wie auch bei der Temperatur besteht eine große Diskrepanz zwischen tatsächlichen Messungen und Simulationsrechnungen auf dem Computer. Es gibt weltweit, weder in Venedig noch auf den Südseeinseln, empirische Hinweise auf alarmierende oder gar beschleunigte Meeresspiegelanstiegswerte. Hingegen hat *Mörner* die Erfahrung bedenklicher Datenmanipulationen und sogar die Beseitigung eines Beweisstückes (eines einzelstehenden Baumes auf den Malediven, der einen steigenden Meeresspiegel nicht hätte überleben können) durch IPCC-nahe Leute machen müssen [14d] S.35-36. - Von anderer Stelle wird eine Schätzung zwischen 25 und 31 cm Anstieg in 100 Jahren genannt [4u] .

Jedenfalls ist ein Ansteigen des Meeresspiegels in diesem Jahrhundert im Bereich von mehreren Metern, wie seitens des IPCC bzw. *Prof. Schellnhuber* in die Welt gesetzt wurde, durch keinerlei Erfahrungsdaten gedeckt.

Ein Versinken von Inseln in der Südsee durch angeblichen Meeresanstieg ist nicht auf einen Klimawandel, sondern auf andere Ursachen zurückzuführen, wie z.B. auf tektonische Bewegungen (Vortrag *Prof. Kirstein* [4e0], Min. 13:30 bis 16) oder z.B. übermäßige Grundwasserentnahme (auf den Tuvalu-Inseln durch japanische Ananas-Industrie', siehe *Mörner* [14d] S.35).

2.7b. *Ozeanversauerung - Korallensterben?* [x10b] S.246 ff

Wenn von einer angeblichen "Versauerung" der Meere durch den CO_2 -Anstieg gesprochen wird, so ist das eine Irreführung. Zwar ist der pH-Wert zwischen 1990 und 2007 von 8,13 auf 8,07 gesunken (und wenn dieser Trend anhielte, was unwahrscheinlich ist, ergäbe sich bis 2100 ein pH-Wert von 7,8). Aber pH-Werte oberhalb 7 sind definitionsgemäß basisch und nicht sauer! [x11] S.184. Der aktuelle pH-Wert liegt im Rahmen der Schwankungsbreite (zwischen ca. 8 und 8,3) der letzten 25 Mio. Jahre. [13h1], S.5

Die Korallen können sich an höhere Temperaturen und an pH-Wert-Änderungen anpassen. Ebenso verhält es sich mit der Korallenbleiche [1v]. Ein Grund ist die besondere Fähigkeit, ihre Symbiosepartner, spezielle Algenarten, zu wechseln. [x9] S.25-26 Die Hauptursache für das beobachtete Korallensterben im Barrier-Riff ist hingegen die *Wasserverschmutzung*. [x11] S.191-192

2.7c. *Permafrost* [x10b] S.254 ff

Ein Katastrophenszenario gründet auf der Annahme, daß bei weiterer Klimaerwärmung die ausgedehnten subarktischen Permafrostböden auftauen und riesige Mengen von Methangas freisetzen, was durch positive (d. h. verstärkende) Rückkopplung zu weiterer Temperaturerhöhung führe – es würde damit ein *Kipppunkt* überschritten, jenseits dessen das Klimasystem außer Kontolle geriete.

Dagegen spricht, daß von Zeitphasen mit höheren Temperaturen wie die Mittelalterliche Warmzeit oder das Holozäne Optimum in Eisbohrkernen der Antarktis oder von Grönland keine signifikanten CH_4-Konzentrationserhöhungen festgestellt worden sind (*G. Delisle* (2008) [5q1], [5q2]). Offenbar sind CO_2 und Methan stabiler im Boden verhaftet, auch wenn er auftaut. Der Effekt wird sichtlich stark überschätzt, wie auch in einem Beitrag in *Spektrum der Wissenschaft* berichtet wurde. [5q4]-[5q5] In einer Studie von 2013 wurde die zu erwartende Temperaturerhöhung durch Permafrost-Methan-Freisetzung auf nur 0.1 Grad bis zum Jahr 2100 geschätzt; der biochemische Rückkopplungseffekt sei demnach relativ gering. [5q3]

Exkurs über "Kipp-Punkte"

Auf die klimatische Kippelemente-Hypothese, die auf *Prof. Schellnhuber* zurückgeht, kann hier nicht näher eingegangen werden. Laut dieser Hypothese droht das Klimasystem in verschiedenen Bereichen (Elementen) in einen kritischen Zustand zu gelangen, bei dem es schlagartig und irreversibel "umkippt". Solche Vorgänge können bei mathematisch nichtlinearen Systemen, wie dem Klima, prinzipiell auftreten.

Die damit verbundene Dramatik geht vielen Fachkollegen zu weit [x10b] S.237. Für Einzelheiten sei auf die kritische Darstellung in *Vahrenholt/Lüning*: *"Unerwünschte Wahrheiten"* [x10b] S.235-242 verwiesen mit fast 100 Fachliteratur-Links [x30].

Die Permafrostregion wurde bereits oben behandelt. Weitere mögliche Kippelemente: Grönlandeis [x10b] S.237f, das arktische Meereis [x10b] S.239f, Antarktis [x10b]S.144ff, Golfstrom [x10b] S.127f, die Korallen [x10b] S.249f, die tropischen Regenwälder und die borealen Wälder [x10b] S.240f. In keinem dieser Bereiche gibt es bisher empirische Hinweise auf *klimabedingtes* "Kippen", eher durch Raubbau und Umweltvergiftung.

2.8 Grenzen der Klimasimulationsmodelle und der Vorhersagbarkeit

Es ist beachtenswert, daß in den wissenschaftlichen Sachstandsberichten des IPCC korrekterweise nie von "Klimaprognosen" die Rede ist, sondern nur von "Projektionen" oder "Szenarien"; erst seitens der Politik und der Medien, und dies unterstützt durch willfährige Wissenschaftler, werden daraus – in der Regel: alarmierende – "Prognosen". Im Sachstandsbericht von 2001 (section 14.2.2.2, Seite 774) wurde seitens des IPCC sogar explizit zugegeben:

«In der Klimaforschung und -modellierung sollten wir erkennen, daß es sich um gekoppelte nicht-lineare chaotische System handelt. Deshalb sind längerfristige Voraussagen über Klimaentwicklung nicht möglich.»

Dieser Absatz wurde in den späteren IPCC-Berichten merkwürdigerweise eliminiert.

Exkurs über Unbestimmtheit

In einem Beitrag von *Curry et al.*[1m3] wird die Problematik der grundsätzlichen Unbestimmtheit (und folglich Ergebnisungenauigkeit) beleuchtet. Es läßt sich *epistemische* (durch die Grenzen unserer Erkenntnisfähigkeit bedingte) und *ontische* (auch *aleatorische*) Unbestimmtheit unterscheiden; letztere ist durch die "Natur der Dinge"[0f] mit ihrer inhärenten Variabilität und Zufälligkeit gegeben [1m3] S.1669. Beide Unbestimmtheitsarten spielen bei den komplexen Klimamodellen mit ihren Millionen Freiheitsgraden unüberschreitbar mit. Zitat: «*Simulations of the twenty-first-century climate. There are many more ways to be wrong in a million dimensional space than there are ways to be right.*» [1m3] S.1671

Die Klimasimulationsmodelle des IPCC gehen von einseitigen Vereinfachungen aus und sind nicht in der Lage, die Vergangenheit zu rekonstruieren, geschweige denn zuverlässige Prognosen für die zukünftige Klimaentwicklung zu berechnen. Die Unbrauchbarkeit als Prognosewerkzeuge spiegelt sich in den häufigen Fehl-"Prognosen", sei es die Warnung vor einer Eiszeit [13a1]-[13b] in den 1970er Jahren; sei es die gegensätzliche Warnung des prominenten Klimaforschers *M. Latif* 2010, daß es keine Winter mit Schnee mehr geben werde [13c]; oder seien es die Vorausberechnungen des Temperaturanstiegs für die letzten Jahrzehnte, der von den meisten Modellen gegenüber den tatsächlichen Messungen um durchschnittlich mehr als den Faktor 2 überschätzt worden ist [1v] Fig.1 , oder seien es apokalyptische Szenarien, die dann doch nicht eingetreten sind. [20]

An den Klimamodellen wird in mehrfacher Hinsicht Kritik geübt: Sie seien zirkelschlüssig, da das zu Beweisende bereits vorausgesetzt wird [12a], [x15b] S.175f.

Eine besonders schwerwiegende Kritik beruht auf einer Analyse der Fehlerfortpflanzung in den Klimamodellen mit dem Titel "*Propagation of Error and the Reliability of Global Air*

Temperature Projections" [1k], die nachwies, daß die Ergebnisse der Klimamodelle mit Unsicherheiten behaftet sind, die mindestens in der Größenordnung des berechneten Temperaturanstiegs liegen und folglich weitgehend unbrauchbar sind und keine Evidenz für einen anthropogenen Anteil an der globalen Erdtemperatur hergeben. [1k],[12d]

Kritik aus mathematischer Sicht wegen "illposedness" der Rechenmodelle: *Structural errors in global climate models* [1m5].

2.9 *Das Albedo-Modell*

Der Autor *A. Agerius* [16] stellt in seiner *"Kritischen Analyse zur globalen Klimatheorie"* [1c], [1c2] das von der Mehrheit der dem IPCC nahestehenden Klimatologen verwendete Basismodell in 16 Kritikpunkten in Frage. Das Basismodell rechnet fälschlicherweise mit einer konstanten Albedo von 0,313 (Bruchteil ins Weltall reflektierter Strahlung), wohingegen nach Satellitenmessungen die Albedo zwischen den Jahren 1985 und 2014 in Wirklichkeit von 0,268 auf 0,263 um 1,9 % abnahm. Der Autor stellt ein physikalisches Modell vor, mit dem sich die gemessene Globaltemperaturänderung um $0,6^0$ (von 14,1 auf 14,7 ^{0}C) zwischen 1985 und 2014 allein aufgrund der Albedoänderung berechnen und erklären läßt, ohne einen Treibhauseffekt bemühen zu müssen. Die Albedo wird i. w. durch den globalen Bewölkungsgrad bestimmt. Zurück extrapoliert auf das Jahr 1850 ließe sich die seitdem registrierte Erwärmung von ca. 1,2 Grad mit einer damals um 3,6 % höheren Albedo (d.h. Albedo hypothetisch 0,279 im Jahr 1850) im Vergleich zu heute erklären. [1c], [1c2]

Es handelt sich um ein "Makro-Modell", insofern es von einem makroskopischen Effekt, nämlich der Albedo, ausgeht. Es bedarf natürlich der Ergänzung durch eine Reihe von "Submodellen", die die vielfältigen Kausalbeziehungen beschreiben,

---

[16] der noch im Berufsleben stehende Autor wlll anonym bleiben, um sich und seine Familie vor Diffamierungen zu schützen (siehe [1c] S. 83)

welche die Albedo via Wolkenbildungsprozesse etc. bestimmen. Dies ist grundsätzlich nicht viel anders als bei der CO_2-Theorie.

Im Anhang der 2. Auflage (ISBN 978-3-347-24749-9) versucht der Autor, seine ausführlichen Überlegungen und mathematischen Herleitungen durch ein ausgeklügeltes physikalisches Experiment zu untermauern. Bei schrittweiser Erhöhung der CO_2-Konzentration um das bis zu 15-fache der natürlichen zeigte sich nur eine irrelevante Temperaturerhöhung. Das Experiment und die Zwischenergebnisse sind im Buch fotografisch dokumentiert.[1c2] S.178f – Es steht in Konkurrenz zu einem simplen Versuch, mit dem *Prof. Lesch* im Fernsehen die angeblich deutliche Erwärmung durch den CO_2-Treibhauseffekt vorführen wollte; *Lesch* wurde daraufhin durch einen offenen Brief von akademischen Kollegen heftig kritisiert, er hätte damit «nicht nur die Zuschauer betrogen, sondern auch der ehrlichen Wissenschaft einen Bärendienst erwiesen.» [11h]

Eine Stütze für das Albedo-Modell scheinen die Forschungen von *Prof. Svensmark* zu liefern, die eine Kausalbeziehung zwischen Sonnenaktivität und Wolkenbildung herzustellen gestatten; dazu Näheres im nächsten Abschnitt.

2.10 *planetarische, solare, ozeanische Zyklen*

Als *planetarische Zyklen* werden im folgenden die durch quasi-periodische Schwankungen der Exzentrizität der Erdbahn um die Sonne (ca. 100 bis 400 Tausend Jahre), des Neigungswinkels der Erdachse (ca. 41 Tausend) und der Präzession (ca. 20 Tausend Jahre) verstanden, die jeweils die auf die Erde treffende Energiestromdichte beeinflussen. Die nach *Milanković* benannten Zyklen korrelieren mit den großen Eiszeiten. Sie spielen für das aktuelle Klimageschehen aber eine untergeordnete Rolle.

Anders mit den direkt *solaren Zyklen*, denen im folgenden unser Augenmerk gilt. Dazu der bereits zitierte *Dr. H. Kehl* ...

«favorisiert die Position einer skeptischen Wissenschaft, welche die Diskussion um die "CO$_2$-Hypothese" keinesfalls für abgeschlossen hält. ... Aktuelle und seriöse Forschungsergebnisse deuten jedoch darauf hin, dass die Sonnenaktivität und diverse, bisher nur schlecht verstandene Rückkoppelungsprozesse, eine weitaus grössere Rolle für die globale Klimaentwicklung spielen als bisher angenommen.» [1q7]

Beobachtet worden sind die meist nach ihren Entdeckern benannten Sonnenaktivtätszyklen: *Schwabe-* (~ 11 Jahre), *Hale-* (~ 22 J.), *Gleißberg-* (~ 87 J.), *Süß- de Vries-* (~ 210 J.), *Eddy-* (~ 1000 J.) und *Hallstadt-*Zyklus (~ 2300 Jahre), wobei die Zykluslängen stark schwanken können. [x10] S.50-51

Der Klimatologe *Prof. Malberg* [17] hat eine starke Korrelation zwischen den mitteleuropäischen Durchschnittstemperaturen und der mittleren Sonnenfleckenanzahl im Zeitraum von 1700 bis 2000 aufgezeigt [3c6], [4a].

Die Physiker *Lüdecke* und *Weiss* [4c1]-[4c3], [5b1], [5b2] haben den Erdtemperaturverlauf aus Tausenden von Proxydaten der letzten 2000 Jahre mittels einer in der Signalverarbeitung üblichen Frequenzanalyse unterzogen und ausgeprägte Frequenzlinien mit entsprechenden Periodenlängen von ca. 1000 (*Eddy-*Zyklus), 190 (*de Vries-*Zyklus) und ca. 400 Jahren festgestellt. Diese Korrelation ist ein starkes Indiz für einen engen Zusammenhang zwischen der Erdtemperatur und den Sonnenzyklen. Die Rekonstruktion des Temperaturverlaufs mit diesen Grundperioden liefert eine geglättete Temperaturkurve, die die ausgeprägten Phasen der Mittelalterlichen Warmzeit, der Kleinen Eiszeit und den Schwankungen im letzten Jahrhundert deutlich wiedergibt – im Gegensatz zu den üblichen Klimamodellen, die dies nicht leisten können, da sie zu sehr auf die Treibhausgase konzentriert sind. Die Extrapolation des Temperaturverlaufs weist sogar auf eine ***Abkühlungsphase*** in den nächsten Jahrzehnten hin. Diese ganz dem Klimaerwärmungsalarmismus

---

[17] Autor des Lehrbuchs: Klaus Malberg, ***Meteorologie und Klimatologie***, (2007)

widersprechende Projektion korrespondiert zu der momentan zurückgehenden Sonnenfleckenaktivität.

Unabhängig davon stellten chinesische Wissenschaftler Anzeichen für eine globale Abkühlung fest [5g] und gibt es auch neuere Hinweise seitens der NASA in diese Richtung [5i]. – Ähnlich stellt die Astrophysikerin und Mathematikerin *Prof. V. Zharkova* infolge eines "großen solaren Minimums" in den nächsten drei Jahrzehnten von 2020 bis 2053 eine Abkühlungsphase [5j4] - [5j6], [1c2] S.160 (von ca. 1 Grad auf der Nordhalbkugel), fast wie in der Kaltzeit des sog. Maunder-Minimums (1645-1710), in Aussicht. – Auch *A. Agerius* wagt eine ähnliche Prognose bis 2045 und schildert die drastischen Folgen einer globalen Abkühlung (Ernteausfälle, steigender Heizbedarf, Stromdefizite durch Dekarbonisierung, etc.) [1c2] S.164

Eine Korrelation ist zwar noch kein *Beweis* für einen kausale Verursachung, kann aber doch einen *Hinweis* dafür geben, wenn keine andere Ursache in Frage kommt. *Prof. Svensmark*, Leiter der Sonnenforschung an der Techn. Universität Kopenhagen[18], und der israelische Forscher *Prof. Shaviv* haben ein Erklärungsmodell [5d],[5e1],[5e2] auf der Basis des Zusammenwirkens von Sonnenaktivität und -magnetismus, kosmischer Strahlung und Wolkenbildung entwickelt, das eine Lücke in den bisherigen Modellen zu schließen ermöglicht. Über dessen Anteil im Vergleich zum CO_2 besteht aber noch Uneinigkeit; *Svensmark* schätzt ihn auf ca. 50%; der IPCC spielt ihn als vernachlässigbar herunter, da die Schwankung der Gesamtstrahlung während eines Schwabe-Zyklus nur 1 Promille beträgt. Der IPCC ignoriert dabei jedoch verschiedene klimawirksame Verstärkungsfaktoren.

Eine instruktive Darstellung liefert *E. Roth* [x9], S.97-109.
Er moniert: «*Verstärkungsmechanismen, wie man sie beim Treibhauseffekt annimmt, werden der Sonne verweigert ... Für mich grenzt das sehr an Realitätsverweigerung.*» [x9], S.108

---

[18] ihm wurden wegen seiner mainstreamkritischen Position öffentliche Forschungsgelder gestrichen ([1c2], S.166) – von *Prof. Shaviv* in Israel sind dergleichen Repressalien nicht bekannt

Schließlich spielen noch *ozeanische Zyklen* mit einer Zykluslänge von etwa 60 Jahren für das globale Wetter- und Klimageschehen eine nicht unwesentliche Rolle: AMO (Atlantische Multidekaden-Oszillation), PDO (Pazifische Dekaden-Oszillation) und z.T. NAO (Nordatlantische Oszillation).[x10], S.83 Als ziemlich sicher gilt, daß die Zyklen AMO und PDO Ende des 21. Jh. wieder in einer Warmphase sein werden. [x10b], S.344 Die Ursachen sind noch weitgehend ungeklärt, jedoch bestehen Korrelationen mit dem Globaltemperaturgang. Klimamodelle, die diese Phänomene nicht berücksichtigen, sind mangelhaft.

Ein unregelmäßig ca. alle 2 bis 7 Jahre das weltweite Wettergeschehen stark beeinflussendes Phänomen ist das vom tropischen Pazifik ausgehende ENSO-Phänomen (El Niño Southern Pacific), kurz El Niño genannt, das die Globaltemperatur kurzfristig hochtreibt. Dieses natürliche Phänomen muß bei der Diskussion über den anthropogenen Anteil an der Klimaerwärmung herausgerechnet werden.

2.11 Das "strikte" Klimaparadigma als Doktrin

Daß das Klimaparadigma in der offiziell vertretenen *strikten* Variante der hauptsächlich anthropogenen Verursachung durch CO_2-Emissionen keiner der für wissenschaftliche Theorien wesentlichen *wissenschaftstheoretischen Kriterien* - Konsistenz, Nichtzirkularität, Validierbarkeit, Prognosefähigkeit, Ergebnisoffenheit - in Strenge genügt, wird im Anhang B detaillierter ausgeführt.

Das Klimaparadigma hat vielmehr den Charakter einer pseudo-religiösen Doktrin mit ähnlichen Erscheinungsformen wie "Heiligen" (*Greta Thunberg*), Pilgerfahrten und Prozessionen (Fridays for Future), Konzilen (Klimagipfeltreffen, Klimaverträge), Untergangspropheten und Inquisitoren (*Al Gore, Prof. Schellnhuber* und *Rahmstorf*).

Das Klimaparadigma erinnert auch an die in der UdSSR betriebene *Lyssenko-Lamarck*-Doktrin der Vererbung erworbener Eigenschaften, die schließlich unter dem Druck der Fakten internationaler genetischer Forschung aufgegeben werden mußte. Die Doktrin kostete einigen dissidenten Forschern das Leben. Bei uns geht es jedoch etwas humaner zu, insofern Kritiker "nur" als Klima-*"Leugner"* diffamiert und ausgegrenzt werden und ihr berufliches Aus riskieren.

Es empfiehlt sich immer wieder, dem verengten Gegenwartsblick, der zum Absolutismus neigt, den historischen Blick relativierend entgegenzuhalten:

"Wiederholt wurden Umweltveränderungen zunächst mit Klimawandel-Hypothesen erklärt, die jedoch im Laufe der detaillierteren Untersuchungen in Zweifel gerieten." (*Ratkau* [x18] S.148)

2.12 Das "offene Klimaparadigma" als Alternative

Dem vom IPCC und mit diesem konform gehenden Wissenschaftlern und Politikern und Journalisten vertretenen (strikten) Klimaparadigma soll hier ein schwächeres und m.E. als tragfähigere Alternative geeigneteres gegenübergestellt werden: das *"offene Klimaparadigma"*. Dieses streitet zwar einen menschenverursachten Klimaeinfluß nicht ab, bewertet diesen aber auf Grund des noch nicht endgültig geklärten quantitativen Anteils *nicht dogmatisch* als dominierend gegenüber den natürlichen Anteilen; insbesondere legt es sich nicht auf ein monokausales Erklärungsmodell basierend auf Kohlenstoffdioxid fest, sondern ist offen für die unvoreingenommene Berücksichtigung auch anderer Einflußphänomene, wie z.B. Aktivitätsschwankungen der Sonne und ozeanische Zyklen. In diesem Sinne ist das *offene Klimaparadigma* in sich *konsistent und wissenschaftstheoretisch* solide. (siehe auch Anhang B9, S. 132)

3. Psychologie einer erfolgreichen Strategie

Die öffentliche Meinung, insbesondere die allgemeine Akzeptanz des Klimaparadigmas, wird mit subtilen psychologischen Mitteln seitens Politik und Medien (und auch Unternehmen) geformt und strategisch durchgesetzt. Dazu zählen [19]:

3.1 "Framing",

d.h. die Festlegung des Bedeutungsrahmens und des Rahmens des Sagbaren durch sprachliche Begriffe, wie "Klimawandel", "Klimaerwärmung", "Klimakrise", "Klimakatastrophe", "Klimarettung", usw. Und die außerhalb des diktierten Diskursrahmens Stehenden, die sich skeptisch äußern und Gegenargumente vorbringen, werden als "Klimaleugner" ausgegrenzt.

3.2 "Astroturfing"

Der Schulstreik der schwedischen Schülerin *Greta Thunberg*, das massenhafte Schuleschwänzen mit den *"Friday for Future"* (*FfF*)-Demonstrationen und die an Greenpeace orientierten Aktionen der militanten *"Extinction-Rebellion"* (*XR*)-Bewegung gelten als Beispiele für Spontaneität und Authentizität, als basisdemokratische Aktionsformen einer Graswurzelbewegung. Da machen vor allem junge Menschen begeistert mit. Tatsächlich handelt es sich aber um voll durchgeplante Aktionen, hinter denen bestimmte Organisationen und Kapitalgeber stecken [16b]-[16d],[16f],[16k2], die im Hintergrund bleiben, d.h. um sog. *Astroturfing* [20] , also organisierte Vortäuschung einer Graswurzelbewegung. Auf Antrag werden XR-Teilnehmer sogar besser als HartzIV-Empfänger bezahlt [16k2] .

---

[19] die Punkte 3.1. bis 3.3 wurden in [15] hervorgehoben

[20] von engl *astroturf* = Kunstrasen

3.3 Angstmachen

Greta will die Menschen aufrütteln, "in Panik bringen". In den Medien werden immer wieder klimabedingte Untergangs-szenarien gezeigt. Dazu kommen ständig alarmierende Meldungen [14a]-[14c], [14g1],[14g2], [6p1]-[6p3], z.B. *"Forscher warnen vor einem »Klima-Notfall«"* [6p2].

»Eines der wichtigsten Instrumente zur Machtausübung ist die systemische Erzeugung von Angst.» (*Prof. Mausfeld* [x20b], [65a])

Psychologisch ist es eine Tatsache, daß Menschen in Angst und Panik kaum mehr vernünftig zu denken in der Lage sind und große Bereitschaft dazu haben, sich solchen anzuvertauen, die sich als Retter anbieten, seien es etwa eine Kanzlerin *Merkel* oder noch mehr: *die Grünen.*

Durch die Corona-Pandemie 2020 haben es nun allerdings die Grünen schwer, die Diskurshoheit zurückzugewinnen, solange *Corona* das dominierende Thema allgemeiner Beunruhigung ist. Hier zeigt sich auch, daß durch eine mit Bildern von Särgen und Leichenbergen und durch Totenstatistiken *konkret* veranschau-lichte Bedrohung stärkere kollektive Ängste ausgelöst werden können als etwa durch eine mehr *abstrakte* Bedrohung wie die Ausrufung eines "Klimanotfalls", und daß die Menschen eher dazu gebracht werden können, massiven – und möglicherweise sogar verfassungswidrigen[57a,b] – Einschränkungen von Grund-rechten zuzustimmen.

3.4 Selektive und manipulierte Informationen

Wenn keine Absicht im Spiel ist, dann handelt es sich um das, was man mit Betriebsblindheit, Horizontverengung, *selektive Wahrnehmung* oder Kurzsichtigkeitsfalle, wie in anderem Zu-sammenhang im Kap. 5.1, bezeichnen kann: hier die Beschrän-kung des Betrachtungszeitraums auf etwa 1850 bis heute, in dem tatsächlich eine Klimaerwärmung um ca. 1,2 Grad und damit verbunden ein weitgehender Rückzug der Gletscher, etc. zu beobachten ist. Das sieht alarmierend aus. Es wird dabei aber nicht berücksichtigt, daß um Mitte bis Ende des 19. Jahrhunderts die sog. "Kleine Eiszeit" endete und es daher auf ganz natürliche Weise wärmer wurde. Erweitert man den Zeitraum auf kulturgeschichtliche Dimensionen von mehreren Tausend oder auf erdgeschichtliche von Millionen Jahren, dann sieht es nicht mehr so dramatisch aus, sondern liegt im Bereich natürlicher Schwankungen, wie im Kapitel 2 gezeigt wurde: es gab höhere Temperaturen und es gab Zeiten, in denen die Gletscher noch weiter geschmolzen waren. Die Beschränkung auf den engen Zeitraum, ob absichtlich oder unabsichtlich, befördert jedenfalls eine Stimmung von Alarmismus und Angst.

Leider wurden auch direkte ***Datenmanipulationen*** und sogar ***Betrug*** aufgedeckt:

So sagen die IPCC-Berichte für politische Entscheidungsträger oft – und meist in alarmistische Richtung – das Gegenteil zu den wissenschaftlichen Sachstandsberichten aus.

Die Manipulationen laut *Mörner* bezüglich Meeresspiegelanstieg und angeblicher Gefahr des Versinkens von Südseeinseln wurden bereits erwähnt (Kap. 2.7a).

Die Mann'sche Hockeyschläger-Kurve hat sich als höchst verdächtig (Kap. 2.3) erwiesen.

Der multidisziplinäre Forscher *Dr. Jaworowski*, erfahren mit der Auswertung von Eisbohrkernen, hält die Vielzahl von "Hockeyschläger-Kurven" für manipuliert, insofern als aufgrund chemischer u.a. Prozesse die CO_2-Konzentrationen im Eis um bis zu 100 ppm niedriger als in Wirklichkeit ausfallen und dadurch der Anschluß an die direkten CO_2-Messungen in neuerer Zeit einen zu abrupten und zu starken CO_2-Anstieg vortäuschen. Außerdem hat *Jaworowski* einen Vorfall berichtet, den er als *"the greatest scientific scandal of our time"* tituliert , nämlich die willkürliche Umdatierung von Eiskerndaten um 83 Jahre, damit sie nicht der vorgegebenen Doktrin widersprechen[1u] S.43.

3.5 Instrumenteller Moralismus

Darunter ist die Strategie zu verstehen, die Empfänglichkeit der Menschen für moralische Argumente zu instrumentalisieren, um andere ganz bestimmte politische Zwecke zu erreichen.

Ein Beispiel war 2015 die rechtswidrige Aufhebung von Grenzkontrollen, um eine akute Flüchtlingskrise zu lösen – es besteht jedoch der Verdacht, daß es um die Vorwegnahme des 2018 beschlossenen UN-Migrationspaktes ging bzw. dieser zur Legitimierung des Handelns von 2015 diente. Die Universalisierung eines Humanitarismus ohne Grenzen und ohne Obergrenzen für Immigranten läuft letztenendes auf die Selbstauflösung des politischen Gemeinwesens Deutschland [x19b] S.80f hinaus und der UN-Migrationspakt auf die Abschaffung relativ homogener westlicher Nationalstaaten.

Ein weiteres Beispiel ist die angebliche "Klimakrise", die von den Bürgern erhebliche Opfer und Eingriffe in ihr Leben verlangt, welche durch das hehre Ziel der Welt- und "Klimarettung" moralisch legitimiert werden sollen.

3.6 Generationenkonflikt

Die Heranwachsenden verwenden Parolen, die einerseits die Verantwortung für die Zukunft (was ja prinzipiell richtig ist) anmahnen und andererseits wird der Elterngeneration vorgeworfen, durch ihren verschwenderischen Lebensstil einerseits und ihr Nichtstun andererseits Schuld an der Klimakatastrophe zu haben. Da dieser Vorwurf kaum widerlegt werden kann, bleibt den Älteren kaum etwa anderes übrig, als sich mit den Jungen im "Kampf für das Klima" zu solidarisieren.

3.7 Massenbewegung - Infantilisierung, Fanatisierung, Radikalisierung

Die Asperger-autistische Schülerin *Greta Thunberg*, die durch ihren Schulstreik mit fanatischer Überzeugung ein schnelles Handeln gegen die Klima-Apokalypse beschwor, erregte weltweites Aufsehen und wurde eine Ikone der Klimarettung. Die enorme Mobilisierung in den *(FfF-)Fridays-for-Future*-Schulstreiks und in Massendemonstrationen ist erstaunlich. Politiker geben vor, die Mahnungen der Jugend "gehört" zu haben und danach handeln zu wollen – eine Infantilisierung der Politik. Das Massenphänomen entwickelt eine irrationale Eigendynamik und läßt sich im Sinne der Memetik[21] als ein Memplex (Mem-Komplex) beschreiben, der sich wie eine Art Ideenvirus epidemisch verbreitet hat. Die Anhänger kümmern sich i.a. wenig um Fakten [16p], und ein ehehaliger FfF-Anhänger kritisiert die bisweilen sehr arrogante Art, mit der die (vorwiegend) Akademikerkinder ihre Ansprüche an die Gesellschaft postulieren und die Gesellschaft spalten. [x22]

In der von der *FfF* abgelösten *(XR)-Extinction-Rebellion*-Bewegung erfolgt eine Radikalisierung. [16j1]-[16k3] .

- Exkurs: positive Aspekte des Greta-Phänomens

Eine kritisch-empathische Annäherung zum Greta- und FfF-Phänomen hat *M. Lichtmesz* [16h] bzw. haben ideologie-kritische Analysen dazu der Kulturpsychologe *A. Meschnig* [16m0] und die Philosophin *C. Sommerfeld* [16m1]-[16m3] versucht.

---

[21] Susan Blackmore, *Die Macht der Meme oder Die Evolution von Kultur und Geist,* (2000)

Greta ist einerseits ein bewundernswürdiges, andererseits ein bemitleidenswertes Mädchen; es ist zu befürchten, daß der ganze Rummel um sie und die Instrumentalisierung eines Kindes für Zwecke, die es nicht ganz durchschaut, ihr schwer schaden kann. Diese Befürchtung wird aber vielleicht durch die Eröffnung [16q] ihres Vaters, es sei ihm mehr um seine Tochter als um das Klima gegangen, entschärft.

Wenn Kritiker sich über Greta lustig machen und ihre Argumente mit Hinweis auf Ihre Krankheit diskreditieren, dann zeugt das von intellektueller Schwäche. Wer Zuflucht zu Argumenten *ad hominem* nötig hat, der muß sich den Vorwurf mangelner Sachargumente gefallen lassen. «*Greta und ihre „Kritiker" – woher kommt all die Boshaftigkeit auf etwas, das eigentlich doch nur positiv ist?*» [16r] Zumindest verdient Greta eine sachliche Auseinandersetzung und das Zugeständnis, daß ihre Aussagen und Forderungen einen rationalen Kern enthalten.

Wenn Greta die übrige Welt wegen der Umweltsünden beschuldigt, ihre "Kindheit gestohlen" zu haben, dann ist das angesichts ihrer Erkrankung entsprechend zu relativieren. Auch scheint Asperger-Autismus die Neigung zu "Fanatismus" (sich leidenschaftlich *einer* Sache zu opfern, was nicht unbedingt negativ angesehen werden muß) zu begünstigen, und sie selber sieht das sogar "als Geschenk". Das fördert ihr konsequentes Handeln (vegane Ernährung, Segeln bzw. Bahnfahren statt Fliegen, usw.), und sie hat damit Vorbildcharakter.

Begrüßenswerte Nebeneffekte sind nicht zu verkennen: etwa eine im Schatten des Klimas auch zunehmende Sensibilität für Umweltprobleme und mehr Verantwortungsbewußtsein des Einzelnen, was sich in Mülltrennung und -vermeidung, Kauf energiesparsamer Geräte, häufigerer Benutzung von Fahrrad statt Auto, Ernährungsumstellung (vegan oder zumindest Reduktion des Fleischkonsums), usw. bekundet.

3.7 Weitgehende Gleichrichtung

Die Unabhängigkeit der Presse ist eine Illusion. In einer grundlegenden Analyse hat ein schweizer Institut aufgedeckt, über welches weite Netzwerk der CFR (Council of Foreign

Relations) den Informationsfluß durch Filterung, Bewertung und Kanalisierung über die internationalen Presseagenturen steuert und nicht allein Einfluß auf die Medien, sondern auf Regierungen, die UNO, NGOs, sogar das Nobelpreiskommitee, etc. nimmt [0i].

Es gibt Indizien dafür, daß auch die Klimapolitik auf diese oder ähnliche Weise gesteuert wird: mit Datum (24.11.2019) sind Informationen über die globale Medienkampage unter dem Titel „*Covering Climate Now*" durchgesickert [15x]:

«Mit dieser Kampagne wird die Medienberichterstattung über den angeblich menschengemachten Klimawandel global synchronisiert. Mehrere hundert Medien sind involviert. Die Kampagne [22], zu der sich diese Medien zusammengeschlossen haben, verfolgt als Ziel, den angeblich menschengemachten Klimawandel als unumstößliche Gewißheit in den Köpfen der Leser, Zuhörer und Zuschauer zu verankern. Es wird darüber nachgedacht, wie man bald jede Meldung in einen Bezug zum 'menschengemachten Klimawandel' setzen kann, um die Botschaft auch dann zu transportieren, wenn das Klima nicht zentrales Thema eines Berichts ist. » [15x]

Eine eigene Situation ist in Deutschland gegeben. Nachdem bis ins späte 20. Jahrhundert sowohl linke wie auch konservative Kräfte in den Medien präsent waren, sehen wir uns heute vor einer Dominanz links-grüner Journalisten im Gleichschritt mit einer unter der Kanzlerin *Merkel* deutlichen Links-Grün-Verschiebung der einst konservativen CDU. Die leitenden Medien fungieren nicht mehr als korrektive Vierte Gewalt, sondern i.w. als affirmative Regierungspolitikbegleitung und Meinungsbildungs- und Denunziationsagenturen gegen Andersdenkende, wie u.a. der Umgang mit der Oppositionspartei Alternative für Deutschland AfD deutlich zeigt.

---

[22] https://www.coveringclimatenow.org/partners

Die gelegentliche Einstreuung neutral-kritischer Artikel oder Sendungen ist Teil der Strategie, den Anschein angeblicher Meinungsfreiheit und Unabhängigkeit aufrechtzuerhalten [0i].

Bemerkenswert ist, daß neben den Medien und sämtlichen in Parlamenten vertretenen Parteien - außer der AfD -, auch die Kirchen und die Gewerkschaften und die Großindustrie in das Klimaparadigma mit einstimmen.

Symptomatisch ist, daß - offensichtlich um die Sach-informationen seitens klimaideologie-skeptischer Stimmen vor der Öffentlichkeit zu verbergen -, z.B. die Öffentliche Anhörung (am 9.6.2019) zum Thema „*Welternährung und Klimawandel*" auf Anordnung des zuständigen Ministers gegen die bisherigen Gepflogenheiten nicht aufgezeichnet wurde [2].

Besonders bedenklich wirkt auch die schon erwähnte, vom Umweltbundesamt UBA in Auftrag gegebene Studie zur Rolle des Journalismus als "*Impact-Journalismus*" [18a1],[18a2].

3.8 Gewissensentlastung

Die vorwiegenden *Grün*-Wähler sind einerseits viele junge Wähler (nicht von ungefähr möchten die Grünen das Wahlalter herabsetzen), andererseits eine gewisse gut verdienende, meist städtische Bevölkerungsschicht zu ihrer Gewissensentlastung wegen der Diskrepanz zwischen ihren moralischen Idealen und ihrem nicht gerade bescheidenen Lebensstil, zu dem typischer-weise auch häufige Flugfernreisen gehören. - Laut Angaben des UBA ist der Prokopf-Energieverbrauch bei monatlichen Ein-kommen über 3000 Euro fast 70% höher als bei Einkommen unter 1000 Euro [x12] Tab.S.296. « *Die eigentliche Spaltung in Deutschland verläuft zwischen dem grün-urbanen Bürgertum und denen, die .. sich weniger Gedanken über das Ende der Welt machen, sondern über das Ende des Monats.* » [25c]

3.9 "Grünwäsche"

Unter *Greenwashing* versteht man Werbetricks von Unternehmen, die ihren Produkten, oder von Organisationen, die ihren Aktivitäten den Anstrich umwelt- oder klimafreundlicher Eigenschaften geben, um die Bereitschaft der Kunden zum Kauf bzw. zum Spenden zu animieren und ihnen gleichzeitig die Befriedigung zu vermitteln, etwas Gutes zu tun. [15a], [15b]

« Greenwashing, das Bemühen der Konzerne, ihr schmutziges Kerngeschäft hinter schönen Öko- und Sozialversprechen zu verstecken, ist erfolgreicher denn je... Je gebildeter die Zielgruppe, je schädlicher das Produkt ist und je absurder das daran geknüpfte Öko-Versprechen, je offensichtlicher also die grüne Lüge ist, desto eher wird sie geglaubt. » [x8+]

Die zynische Spitze an Grünwäsche leisten sich die multinationalen Agrokonzerne Bayer-Monsanto, Syngenta, DuPont, BASF, u.a., die über 500 Patente für "klimarelevante Gene" angemeldet haben, mit denen hitze- und trockenheitresistente Saaten synthetisiert werden sollen. Damit würden sie aber gegen die traditionellen Bauern das Verbot der Lagerung von in jahrhundertelanger Erfahrung gesammelten Saaten mit ebensolchen Eigenschaften durchsetzen. Bisher blieben die Chemiekonzerne ihre Versprechungen, den Hunger in der Welt mit ertragsteigernden und klimaharten Saaten zu lindern, schuldig. Nicht zu vergessen ist, daß diese Konzerne nicht nur GMOs (genetisch modifizierte Organismen) herstellen, sondern in ökonomischer "Symbiose" gleichzeitig Marktführer für Pestizide sind. [15c]

4. Der (über-)politische Hintergrund

Hier soll versucht werden, die der klimapolitischen Realpolitik übergeordneten vielgestaltigen Hintergründe aufzudecken. Diese mögen durch den Ausdruck "über-politisch" gekennzeichnet werden, da der sich eigentlich anbietende Ausdruck "meta-politisch" bereits mit einer anderen Bedeutung belegt ist. Dem Vorwurf [23] von "Verschwörungstheorien" ist entgegenzuhalten, daß es sich nicht um undurchsichtige angebliche Machenschaften geheimer Akteure handelt, sondern i.w. um offen zutage liegende Zielvorstellungen und Aktionspläne, die durch Dokumente bzw. Aussagen maßgeblicher Organisationen und Persönlichkeiten belegt werden können.

4.1 Große Transformatiom und 'Great Reset'

Bereits ab der bahnbrechenden Studie (1972) "*Die Grenzen des Wachstums"* [0b1] wurde über grundsätzliche Änderungen der globalen politischen, wirtschaftlichen und sozialen Ordnung nachgedacht. Inzwischen erfolgt bereits die schrittweise Realisierung einer Neuen Weltordnung u.a. im Fahrwasser einer globalen Klimapolitik, bei der die Souveränität der einzelnen Nationalstaaten zunehmend eingeschränkt und ersetzt wird durch überstaatliche Organisationen wie die UNO und die EU.

In dem Hauptgutachten: "*Welt im Wandel. Gesellschaftsvertrag für eine Große Transformation"* [18] des WBGU (Wissenschaftlicher Beirat der Bundesregierung Globale Umweltveränderungen) unter *Prof. Schellnhuber* wurde ein Masterplan entwickelt, der eine vollkommene Dekarbonisierung bis 2050 empfiehlt [18] S. 276 und eine Aufnahme des "Klimaschutzes" als Staatsziel in das Grundgesetz [18] S. 275. Eine weltweite Dekarbo-

---

[23] "Verschwörungstheoretiker" gehört zum "staatlich anerkannten Diffamierungsvokabular" (*Mausfeld,* [x20a] S.206)

nisierung und ein weltweites Verbot von Öl, Kohle und Gas für die Energieerzeugung und ein vollkommener Verzicht auf Atomenergie bis 2050 würde nach Schätzungen dazu führen, daß die dadurch verminderte Energieflußdichte nur noch für 1 bis 2 Milliarden Menschen ausreicht. [3c11]

Nach *Schellnhuber* und *Rahmstorf* vom PIK ist der Umgang mit dem Klimawandel [#] *«die Feuertaufe für die im Entstehen begriffene Weltgesellschaft»* [1q2a] .

Unter dem Titel *«The Great Transformation: Climate Change as Cultural Change»* [18a] wird impliziert, daß die Große Transformation auf 4 Ebenen stattfinden müsse: kognitiv, ökonomisch, politisch und normativ.

«The impact of global climate change is not limited to specific areas of our lives. With its social, cultural, economic and psychological implications, climate change represents a shift towards a new era, which concerns all levels of the global community: markets and mindsets, global cooperations and democracy.»   *(Homer-Dixon* [18a] *)*

Offensichtlich handelt es sich bei der geplanten Großen Transformation um eine Art Kulturrevolution, für die der Klimawandel als Begründung vorgegeben wird.

2020/21 kommt der neue Begriff "Great Reset" (Großer Neustart) ins Spiel, hinter dem sich nichts anderes als die "Große Transformation" verbirgt, für deren Durchsetzung die Corona-Pandemie als einmalige Chance angesehen wird [70] (siehe dazu auch Kap. 4.9).

4.2 Grüner Kondratieff-Zyklus?

Gemäß den Ökonomen der ersten Hälfte des 20. Jahrhunderts *Kondratieff* und *Schumpeter* läßt sich die moderne Wirtschafts-

---

[#] Hervorhebungen des Autors (*EPR*)

entwicklung geschichtlich durch zyklische Phasen kennzeichnen [0h],S.50, die durch technische Basisinnovationen ausgelöst wurden. Gewöhnlich werden fünf Perioden unterschieden:

1. Frühmechanisierung durch die Dampfmaschine, 2. Eisenbahn, 3. Elektrifizierung, 4. Automobilisierung und Petro-/Kunststoffchemie; die 5. Phase, die der Informations- und Kommunikationstechnologie, wird bereits als zweite industrielle Revolution angesehen. Nachdem der lange Zeit boomende Markt der Digitalisierung und Computerisierung zunehmend Anzeichen von Sättigung aufweist, stellt sich die Frage nach einem neuen Innovations- und Wirtschaftswachstumsschub. In diesem Zusammenhang kommt auch die "Große Transformation" und "grüne Revolution" als möglicher sechster. Kondratieff-Zyklus ins Spiel [x7] S.164.

Mit "Klimaschutz" wird – so paradox dies auch klingt – auch eine Chance auf Wirtschaftswachstum in Verbindung gebracht, wie etwa in dem Bericht des Umweltbundesamts *"Wirtschaftliche Chancen durch Klimaschutz"* [17a] oder dem Buch des wirtschaftsliberalen Grünen-Politikers *Ralf Fücks "Intelligent wachsen – Grüne Revolution"* [x7] .

4.3 Lukratives Geschäftsmodell

Zunächst ist die Klimapolitik ein lukratives Geschäftsmodell, bei dem durch Spekulation mit dem CO_2 -Emisssionshandel viel Geld verdient werden kann, siehe z.B. *Al Gore* u.a. [11c],[3c13],[19]. Zudem profitieren ganze Unternehmensbranchen durch staatliche Förderungen. Auch im Wissenschaftsbereich fließen Gelder in große Institutionen (IPCC, PIK) mit Tausenden von Mitarbeitern und in Hochschulen durch Zweit- und Drittmittelbeschaffung, soweit sie das Klimaparadigma stützen.

«Ums Klima ist längst eine gigantische globale Industrie entstanden. Wir sprechen von einem *klimatologisch-gouvernementalen Komplex*, der jährlich Hunderte Milliarden von Dollar umsetzt und ganze Armeen von lautstarken Abhängigen geschaffen hat.» (*R. Köppel* [19])

Es handelt sich sogar um noch gewaltigere Volumina in der Höhe von vielen Billionen [19a], mit denen globale Finanzakteure operieren. *William Engdahl*, einer der bestinformierten Analysten, schreibt (25.9./4.12.2019):

"Wenn sich die einflussreichsten multinationalen Unternehmen, die weltweit größten institutionellen Investoren wie BlackRock und Goldman Sachs, die UNO, die Weltbank, die Bank of England und andere Zentralbanken der BIZ hinter die Finanzierung einer so genannten Grünen Agenda stellen – nennt es Green New Deal oder was auch immer – ist es an der Zeit, hinter die Oberfläche öffentlicher, klimaaktivistischer Kampagnen auf die aktuelle Agenda zu blicken. Das Bild, das sich ergibt, ist die versuchte finanzielle Reorganisation der Weltwirtschaft unter Verwendung des Klimas. Etwas, mit dem die Sonne und ihre Energie um Größenordnungen mehr zu tun haben als es die Menschheit je könnte – um zu versuchen, uns gewöhnliche Menschen davon zu überzeugen, unermessliche Opfer zu bringen, um «unseren Planeten zu retten»". [20a], [20a1].

4.4 Umverteilung

Der schon genannte *Prof. R. Lindzen* vom MIT hatte gewarnt: «CO_2 ... *if you ever wanted a leverage point to control everything from exhalation to driving, this would be a dream. So it has a kind of fundamental attractiveness to bureaucratic mentality.* » (zitiert von *W. Engdahl* in GlobalResearch [61])

Ähnlich hatte der Wissenschaftsjournalist *Nigel Calder* 1998 vorhergesagt: «*Alle Parteien, rechte wie linke, werden die Treibhausgas-Theorie übernehmen. Sie erlaubt ihnen, die Luft zum Atmen zu besteuern und werden dafür noch gelobt, weil sie die Welt retten. Dieser Versuchung werden sie alle nicht widerstehen. »* [4s1]

Die Finanzierung der "Energiewende", durch Subventionen, CO_2-Steuern, hohe Treibstoff- und Strompreise, die – trotz staatlicher Zuzahlung – hohen Kaufpreise für E-Fahrzeuge, usw. werden selbstverständlich auf die Steuerzahler direkt oder indirekt abgewälzt. Davon ist vor allem die große Masse der Bürger mit niedrigen bis mittleren Einkommen und der Rentner betroffen. Die Strompreise stiegen in Deutschland vom Jahr 2000 bis 2019 von 14 auf 30 Cent [24a9] je kWh und sind doppelt so hoch wie in Frankreich. Es gibt Millionen Deutsche, die die Heizkosten im Winter nicht bezahlen können bzw. denen der Strom abgeschaltet wurde; viele, die Weihnachten im Bett verbringen, um nicht zu frieren. Es gibt regelrecht eine energiepreisbedingte Armut in Europa, wie *Benny Peiser* eindrücklich in seinem Vortrag über *"Energy Poverty in Europe"* beschreibt [4p].

Man kann von einer "großen Enteignung" [24a8] sprechen.

Schon 2010 sagte der Chefökonom *Ottmar Edenhofer* vom PIK in einem Interview: «Wir *verteilen durch die Klimapolitik das Weltvermögen um. ... Man muss sich von der Illusion freimachen, internationale Klimapolitik sei Umweltpolitik. »* [24]
„Wir" – das sind nicht die Bürger. Das sind Akteure mit zutiefst antiliberalen und antidemokratischen Vorstellungen, die sich anmaßen zu erklären, was für die Menschheit gut sei. Die ihre Finanz- und vor allem Machtinteressen von oben nach unten durchdrücken wollen. Wozu es eines weltweiten Anliegens bedarf, so stumpfsinnig es auch sein mag – des Klimaschutzes. [19a]

---

[24] https://www.nzz.ch/klimapolitik_verteilt_das_weltvermoegen_neu-1.8373227

4.5 Alarmistische Auslöse- oder Schock-Strategie

"Die Schock-Strategie: Der Aufstieg des Katastrophen-Kapitalismus" (2007) ist ein erfolgreiches Buch [x5] der Journalistin und Aktivistin *Naomi Klein* und wurde zwar auch kritisiert wegen z.T. zu starker Vereinfachung [x5a] – jedoch paßt das Modell m.E. gut auf die aktuelle alarmistische Klimapolitik. Paradoxerweise hat die Autorin dies nicht durchschaut und sich in ihrem Buch [x6] *"Die Entscheidung: Kapitalismus vs. Klima"* (2015) von dem Klimaalarmismus mitreißen lassen.

Dieses Modell paßt z.B. auf die abrupte Durchsetzung des Atomausstiegs 2011 seitens der Regierung unter Bundeskanzlerin Merkel auf den Schock der Fukushima-Katastrophe hin.

Es ist naheliegend [#], das Modell etwas zu verallgemeinern und umzubennen in "opportunistisch-alarmistische Auslöse-Strategie" (kurz: oAAS). Entsprechend einem Regelkreisschema ist es gekennzeichnet durch eine Wirkkette: Problemlage (Regelabweichung) – Suchverhalten (oder Abwarteverhalten) – Auslösesituation – Zielhandlung.

Dieses Schema läßt eine Analogie zum Begriff des angeborenen Auslösemechanismus (AAM) in der Ethologie, der Tierverhaltensforschung, erkennen. Beim AAM führt ein endokrines Ungleichgewicht zu einem (Appetenz-)Suchverhalten in Richtung einer Auslösesituation, die zur Auslösung einer befriedigenden Zielhandlung führt (wie bei Hunger oder Sexualität).

Im Gegensatz zu der weitgehend automatisch ablaufenden Triebhandlung liegt im Falle der oAAS bei Menschen (hier: politischen Akteuren) ein weitgehend beabsichtigter Handlungsablauf vor: mit der Ausführung schon längst anvisierter Maßnahmen (Zielhandlung) wird solange gewartet, bis sich eine günstige Möglichkeit zu ihrer Auslösung bietet, sei es durch absichtliche Herbeiführung (z.B. Staatsstreich, Umsturz, kriege-

---

[#] seitens des Autors (*EPR*)

rische Intervention), oder sei es durch zufällig auftretende "günstige" äußere Umstände (wie etwa "9/11" oder der Fukushima-Reaktorunfall; und es ist offensichtlich, daß auch die Corona-Krise 2020 dazu genutzt wird).

Für die Klimapolitik war das Auftauchen von *Greta Thunberg* ein opportunistischer Glücksfall: sie wurde zur Ikone der Klimarettung gemacht und gab die Initialzündung für eine Massenmobilisierung in Form der organisierten Fridays-for-Future-Schulstreiks.

Ansonsten kommen im Zusammenhang mit dem Klima abrupte große Schocksituationen, die sich instrumentalisieren lassen, kaum vor, aber eine Alarmstimmung wird dauerhaft aufrechterhalten durch wiederholte alarmierende Pressemitteilungen über selektive Extremwetterereignisse, die es hier und dort überall auf der Welt immer wieder gibt. Man kann hierbei von einer Schockstrategie in kleinen Dosen sprechen. [+]

4.6 Tendenz zu planwirtschaftlicher Diktatur

Prof. Schellnhuber, der langjährige Leiter des PIK und Berater der Bundesregierung, sagte bereits 2009, ab 2020 sei Klimaschutz, wenn er bis dahin vertagt werde, nur noch «*im Rahmen einer Kriegswirtschaft [!] zu leisten mit massiven staatlichen Eingriffen*». [19a]

Mit dem heute als "Green New Deal" propagierten großen Umbau kommt das zunächst mißglückte Wirtschaftsprogramm "New Deal" des amerikanischen Präsidenten *F. D. Roosevelt* in Erinnerung, das erst im Rahmen der Kriegswirtschaft mit dem Eintritt der USA in den 2. Weltkrieg erfolgreich wurde. [25k1] .

[+]Auf die Verbindung zwischen Schockstrategie und Klimapolitik hat auch *M. Burchardt* in *Zeit-Fragen* [25k2] hingewiesen

«Warum eigentlich diese Verbissenheit in Bezug auf das CO₂? ... Der Grund ist offensichtlich: Wer das CO₂ kontrolliert, hat einen gewaltigen Machthebel in der Hand. CO₂ ist überall. Es ist in den Ozeanen, in den Pflanzen, in der Atmosphäre, in den Atemwegen der Tiere und der Menschen...

Auf dem Ausstoss von CO₂ in Motoren, Maschinen und Heizungen beruht die moderne Zivilisation und ihre Energieversorgung. Wer das CO₂ in der Hand hat, wer das CO₂ zur wichtigsten politischen Grösse der Gegenwart erklärt, hat die Weltherrschaft. » (R. Köppel in der *Weltwoche* [19].)

Die Souveränität der einzelnen Nationen wird immer mehr durch überstaatliche Organisationen, wie die UNO oder die EU, eingeschränkt und unterbunden. Man denke an den Großen Migrationspakt der UNO oder die oft willkürlichen Regularien der EU, die bei Nichteinhaltung mit hohen Sanktionszahlungen bestraft werden.

Aber auch innerstaatlich werden rechtsstaatliche Prinzipien gebrochen, wie beim Atomausstieg 2011 und ab 2015 bei der Aufhebung von Grenzkontrollen zur Aufnahme von über einer Million Migranten, nicht zu vergessen die Duldung und versteckte Förderung der z.T. gewaltsamen Bekämpfung politisch Andersdenkender.

Kommen wir zu der Partei der *Grünen*, die zur Zeit ihres Mitgründers *Dr. Gruhl* noch eine echte ökologisch orientierte Partei gewesen war, aber später durch vormals kommunistische Kräfte (*J. Fischer, D. Cohn-Bendit, J. Trittin*, u.a.) unterwandert und umfunktioniert worden ist, so daß heute "grün" einem Etikettenschwindel gleichkommt. Nichtdestotrotz stehen noch "grüne" Ziele auf dem Programm – die aber mehr oder weniger unverhohlen mit quasi-planwirtschaftlichen und diktatorischen Maßnahmen durchgesetzt werden sollen. Dementsprechend hat ein Sonderheft der Zeitschrift *Compact* den Titel "*Öko-Diktatur. Die heimliche Agenda der Grünen*" [24a] bzw. heißt ein Buch von *Michael Grandt*: "*Kommt die Klima-Diktatur?*" [x12] .

Der aktuelle (2020) Spitzenmann der Grünen *Robert Habeck* gibt zu, daß er angesichts der Trägheit der Entscheidungswege in der parlamentarischen Demokratie mit chinesischen Verhältnissen sympatisieren kann [25a1], [25a2], und vertritt die merkwürdige Auffassung, Verbote seien Bedingung für Freiheit [25a3], während die Grünen-Spitzenfrau *Baerbock*, die nicht gerade durch wirtschaftliche [25b1] und naturwissenschaftliche Sachkenntnisse [25b2] glänzen kann, sich anmaßt, Presseboykott für Klimaskeptiker zu fordern [25b3].

4.7 Kontrolle der Menschen: Kipp-Punkte bürgerlicher Freiheiten

Auffällig ist, daß gerade vor internationalen Klimakonferenzen Alarmmmeldungen, das Klima stehe kurz vor dem "Kippen", verbreitet werden [14h]. Dies sollte jedoch bei uns Alarmglocken schrillen lassen, daß es sich letztlich um unsere Freiheiten handelt, die immer mehr "gekippt" werden sollen.

Die Grüne Revolution geht – über die finanziellen Steuer- und Abgabenbelastungen hinaus - mit massiven Eingriffen in das Leben der einzelnen Bürger einher.

«*Die deutschen Parteien lieferten sich einen Wettbewerb darin, wer am gründlichsten die Überreste der sozialen Marktwirtschaft beseitigen kann. Grundeinkommen, Mietbremsen, Fahrverbote, Essensvorgaben, Gleichstellungsvorschriften, ökologischer Zwangsanbau von Nahrungsmitteln, Handelsverbote, moralisch motivierte, nicht mehr sanktionierte Gesetzesübersschreitungen etc.. Aus der Klimarettung ist ein bürokratischer Monsterstaat mit gegängelten Einwohnern geworden, die das alles durch ihr Wahlverhalten selbst verschuldet haben.*» [4s3]

«*Wir sollen nicht mehr frei entscheiden können, wann wir wohin fahren. Wer heute ein Mittelklassefahrzeug fährt, wird künftig nur einen Kleinwagen bezahlen können; diejenigen, die sich heute einen Kleinwagen leisten können, werden Bus und Bahn fahren müssen... Endgültig beschlossen wurden die neuen Regeln im April dieses Jahres (2019) vom Europäischen*

Parlament. Der Bundestag hatte sie bereits Ende vergangenen Jahres durchgewunken.»

Nach dem Grünen-Politiker *Özdemir* seien geteilte Autos, öffentlicher Nahverkehr und das Fahrrad die Verkehrsmittel der Zukunft. [26h]

Man kann sich die Möglichkeiten der Kontrolle über die Menschen, verschärft noch durch die geplante Abschaffung des Bargelds, etwa so ausmalen:

«Mieten statt kaufen ... Nur über Eigentum können Sie ... verfügen, ein Nutzungsbegehren kann abgelehnt werden, und man muss Ihnen dafür nicht einmal den Grund nennen... Sie wollen ein Auto oder einen E-Roller mieten? Mal sehen, was die App dazu sagt. Oder die Behörde, bei der die Daten über ihr Verhalten, ihre Regierungskritik und ihre Bonität zusammen-laufen. Sie wollen von A nach B fahren? Aber das sollten Sie vielleicht gar nicht, weil in B heute eine Demo rechts-populistischer Elemente stattfindet... » [26f]

Der Postwachstumswirtschaft propagierende *Prof. Niko Paech* empfahl sogar als "aufgeklärten Bürgersinn" eine Art Bespitzel-ung von Nachbarn, die man einem "Klimaverhör" unterziehen sollte (in Bezug auf SUV, Kreuzfahrten, Flugreisen, etc.), um diejenigen *«bloß(zu)stellen, die durch ihre Rücksichtslosigkeit das Überleben der Zivilisation gefährden»* [x12] S.293-4.

Von zahlreichen Institutionen wird eine Erweiterung des CO_2-Zertifikatesystems auf alle Bürger in Erwägung gezogen. Dem-nach stehe jedem ein behördlich bestimmtes CO_2-Verbrauchs-kontingent zu. Jeder Verbrauch, sei es durch Treibstoff, Strom, Bahn- und Flugtickets, usw. würde auf die entsprechende CO_2-Emission umgerechnet. Verbraucht man mehr als sein Kontingent, muß man zusätzliche Kontingente kaufen, sozu-sagen zur Strafe als Umweltsünder. [x11] S.244-245

Es wurden schon Verhaltensempfehlungen zur Reduktion des CO_2-Fußabdrucks gegeben. Dazu Abschätzungen über die CO_2-

Emissionseinsparungen in Tonnen pro Jahr und Person: [49] S.6
Verzicht auf ein zusätzliches Kind: 24 bis 118 t; autofrei leben:
1 bis 5,3 t; auf einen Flug verzichten (je nach Strecke): 0,7 bis
2,8 t; vegan leben: 0,3 bis 1,6 t.

Die Angabe, daß der Verzicht auf ein Kind die wirksamste
Maßnahme "für das Klima" sei, findet selbstverständlich in
Feminismus-Kreisen große Zustimmung. Den nachkommens-
verweigernden Feministinnen ist offensichtlich ihre Kurzsichtigkeit nicht bewußt, daß sie dadurch das Aussterben der
Weißen im Westen und damit ihrer Anhänger(innen) weiter
befördern, im krassen Gegensatz zu den fortpflanzungsstarken
afrikanischen Frauen und den islamischen im Vorderen Orient.

4.8 Schwächung von Wirtschaftskonkurrenten durch Deindustrialisierung

Die energiepolitischen Maßnahmen der Regierungsparteien
im Rahmen der Klimapolitik führen zu massenhaften Ent-
lassungen und Arbeitslosen besonders im Umkreis der Automobilindustrie und wegen der enorm hohen Stromkosten zu
einer Abwanderung und Verlagerung ins kostengünstigere
Ausland vor allem bei energie-intensiven Mittelstandsbetrieben,
die bislang Pfeiler der deutschen Wirtschaft als "Export-
weltmeister" und in einigen Branchen Weltmarktführer gewesen
sind [25e] . Diese Tendenz zur Deindustrialisierung einer Hoch-
technologie-Nation ist sicher im Sinne anderer Nationen, die in
der BRD einen zu mächtigen Wirtschaftskonkurrenten sehen.

Auch unter diesem Aspekt kann der vor allem seitens der
USA mit hohem juristischen Volumen in Milliardenhöhe gegen
den nach Umsatz weltgrößten Automobilkonzern [25] VW wegen
illegaler Dieselabgasmanipulationen erfolgreich geführten
Prozess [24b] gesehen werden.

---

[25] https://de.wikipedia.org/wiki/Automobilindustrie#Weltgr%C3%B6%C3%9Fte
_Autohersteller_nach_St%C3%BCckzahl_und_Umsatz   (11.5.2020)

4.9 Konvergenz: Klima-, Migrations-, Corona-Politik

Zwei große Ziele stehen bei der UNO auf dem Programm: der globale Migrationspakt [26] und die Klimapolitik. Diese beiden Agenden werden dadurch gekoppelt, daß der Klimawandel als Ursache für Massenmigrationen mit diesen in Zusammenhang gebracht wird. [#] – Dabei wird ignoriert, daß der Migrationsdruck vor allem von Kriegen und Bevölkerungswachstum stammt, kaum vom Klima.

Das Buch "*Covid-19: The Great Reset*" [70] von *Prof. Klaus Schwab*, Direktor des Weltwirtschaftsforums (WEF) [##], und Ko-autor *T.Malleret* ist eine Handlungsanweisung, wie die Corona–Krise genutzt werden soll, um endlich die *'Große Transformation'* durchzusetzen [71a,b]: die Corona–Krise als Katalysator für eine Art "Öko-Diktatur". Die Corona-Politik umfaßt monatelange mehr oder weniger rigide *Lockdowns* eines großen Teils der Wirtschaft und des Gesellschaftslebens. Solche Lockdowns werden als "neue Normalität" in Aussicht gestellt, selbst dann, wenn die Gefahr durch die Pandemie gebannt sein sollte, und zwar mit der Begründung, daß ohne dieses drastische Herunterfahren der Wirtschaft die ehrgeizigen (in Wirklichkeit unrealistischen) "Klimaziele" nicht erreicht werden könnten.

Nach einem Jahr Corona-Ausnahmestand soll der "Klima-Notstand" sprachlich durchgesetzt und neu forciert werden. [85]

Die Corona-Politik und der 'Great Reset' werden aus philosophischer Sicht u.a. von *C. Sommerfeld* beleuchtet [62a,b]. Bemerkenswert, daß "Meisterdenker" wie *Sloterdijk* und *Žižek* sich der "Corona-Diktatur" unterwerfen, im Gegensatz zu *Agamben*, der vor dem «totalitärsten Apparat der Geschichte» warnt. [63]

Der politische Ökonom *Prof. M. Chossudovsky* [###] sieht den 'Great Reset' im großen weltpolitischen Zusammenhang. [83]

---

[26] https://www.geolitico.de/2018/11/27/juristen-zerpfluecken-un-migrationspakt/

[#] Die frühere Seekapitänin *Rackete*, die Migranten nach Europa gebracht hat, engagiert sich auch als Klima-Aktivistin an vorderer Front bei *Extinction-Rebellion* [16k] .

[##] Das WEF läßt sich als ein Nest des Korporatismus beschreiben, in dem sich die größten Konzerne der Welt mit staatlichen Stellen zusammentun, um unser Leben von morgen zu dirigieren. ([63] S. 15)

[###] Leiter von GlobalResearch.ca ; bekanntestes Buch: "*The Globalization of Poverty*"

4.10 Ideologiekritische Deutungsversuche

Der Verlust des Rückhalts durch die Religion und deren Glaubwürdigkeit ihres Heilsversprechens, "der Tod Gottes" im Abendland hinterließ ein Vakuum, das durch "Ersatzgötter" (*Nietzsche*), wie den Fortschrittsglauben der Moderne oder die marxistisch-kommunistische Utopie einer klassenlosen Gesellschaft und eines "Paradieses auf Erden", besetzt wurde. Durch den real-politischen Zusammenbruch der Sowjetunion entstand für die Anhänger der universalistisch- kommunistischen Utopie ein neues Vakuum. Dieses konnte besetzt werden durch die universalistisch-globalistische Idee der Gleichheit aller Menschen und Völker mit der Förderung der Massenmigration und dem Ziel der Abschaffung der Nationalstaaten. Die Klassenfeinde, die es zu vernichten gilt, sind nun die Konservativen und Partikularisten (wie z.B. der "Kampf gegen Rechts" und die AfD zeigt), die an der Vielfalt der Völker, Nationen und Kulturen und ihrer Erhaltungswürdigkeit festhalten. Eine zweite Diskurs- und Kampfebene ist neuerdings das Klima. Anstelle des Klassenkampfes zur Rettung der Arbeiterklasse tritt nun die des Klimas, und die Klassenfeinde sind die "Klimaleugner" einerseits und nach wie vor der Kapitalismus andererseits. Um die Welt retten zu können, braucht man planwirtschaftliche Maßnahmen, also wieder eine Diktatur. An die Stelle der Diktatur des Proletariats hat eine "Öko-Diktatur" zu treten.

Eine andere Sichtweise knüpft an einen Gedankengang des Soziologen und Historikers *R. P. Sieferle* an ("Die Logik des Antifaschismus") [27], wenn man ihn auf das *Klima* überträgt: es *«handelt sich offenbar um den Versuch, in einer vollständig relativistischen Welt ein ... Absolutum zu installieren, von dem neue Gewißheiten ausgehen können.* »

---

[27] Rolf Peter Sieferle, *Finis Germania*, (2017), S. 79

Ähnlich ist eine naheliegende Interpretation im Sinne der *Kompensationstheorie* des Philosophen *Odo Marquard*: durch den Verlust bzw. die Relativierung alter "Gewißheiten", insbesondere auch im Schwange einer radikal konstruktivistischen Erkenntnislehre, kommt kompensatorisch das Bedürfnis nach Absolutierung neuer "Gewißheiten" auf.

Das Klimaparadigma ordnet sich *weder* in die *Moderne, noch* in die *Postmoderne* ein. Es paßt sich nicht in das emanzipatorische Projekt der Moderne mit Aufklärung und Fortschrittsoptimismus, und es steht der Relativierungs- und Dekonstruktions-Tendenz der Postmoderne entgegen durch seinen Absolutheitsanspruch (*H. Diefenbach* [3k]). Es ist auch nicht "vormodern". Offensichtlich handelt es sich um etwas in der Moderne Neues: um einen Dogmatismus, der sich durch Naturwissenschaft zu legitimieren beansprucht – ein inhärent widersprüchliches Phänomen, das von totalitären Systemen her bekannt ist, wie z.B. beim Lyssenkismus in der Sowjetunion.

Auffällig ist der Einklang fast des gesamten Parteispektrums von den Linken bis zur CDU/CSU, den Gewerkschaften, den Industriebossen und den Kirchen. Kulturpsychologisch kann man im Klimaparadigma auch eine Widerspiegelung quasireligiöser Restbestände des Christentums sehen, *Apokalypse und Schuld*: die "Klimakatastrophe" und die Menschheit als Schuldige im Sinne der "Erbschuld", die durch große Opfer abgetragen werden muß. Jedoch: die Klimaapokalypse findet keine Erlösung in einer besseren Welt, sondern höchstens in einer Bestandsrettung der Menschheit vor dem Untergang. (*Meschnig* [16m0])

5. Verfehlte Politik - "Klimarettung" schädlicher als Klimawandel?

Eine ausschließlich aus regenerativen Quellen gespeiste Energieversorgung ist das Idealbild einer Großen Transformation hin zu einem auf Nachhaltigkeit gegründeten "grünen" Wirtschaftssystem. Ein vorbildliches *Musterbeispiel* hierfür könnte die kleine schottische *Insel Eigg* sein, deren elektrische Energieversorgung (fast) ausschließlich mit Solarzellen und Windrädern betrieben wird [28]. Allerdings kann, zur zusätzlichen Absicherung bei Ausfällen oder witterungsbedingten Engpässen, auf dieselbetriebene Generatoren nicht verzichtet werden. Man muß jedoch einräumen, daß die Bewohner der Insel Eigg Bauern, Schäfer oder Fischer sind und einen entsprechend geringen Energiebedarf haben, im Gegensatz zu einem hochindustrialisierten Land wie Deutschland.

Das Klimaparadigma ist eine extrem verkürzte und daher *zweifelhafte* Interpretation der Wirklichkeit, und es ist fast zwangsläufig, daß falsche Voraussetzungen zu falschen Handlungsmaßnahmen führen, wie z.B. die in Deutschland forcierte einseitige Dekarbonisierungs-"Energiewende" [26] - [27m]. Man kann das in die Pointe fassen, daß die "Klimarettung" möglicherweise mehr Schaden anrichtet als der Klimawandel, und zwar in doppelter Hinsicht: sie führt zu einer falschen Politik und sie lenkt von den eigentlichen Großproblemen ab.

Trotzdem sind begrüßenswerte Nebeneffekte nicht zu verkennen: insbesondere überall dort, wo Klimapolitik- und Umweltschutzmaßnahmen zusammenfallen und wo es Anreize zu Innovationen gibt.

Bisher wurde bei Innovationen im Rahmen des Umweltschutzes schon Beachtliches geleistet, etwa die Reduktion des

Treibstoffverbrauchs und der Schadstoffemissionen bei Kraftfahrzeugen und in der Industrie, der Abwässerreinigung, usw.

5.1 Die Kurzsichtigkeitsfalle

Andererseits unterliegt die Klimapolitik z.T. einem verengten Horizont von **Kurzsichtigkeit**, die als Verallgemeinerung der "*Falle des Kurzzeitdenkens*" [x3], das ein im Sinne des Humanethologen *Eibl-Eibesfeldt* auf unmittelbaren Vorteil ausgerichtetes biologisches Erbe ist, angesehen werden kann. Wenn man nämlich bei der E-Mobilität und bei den Windenergierädern nur den engen Horizont des Hier und Jetzt im Auge hat, kommt man zu einer völlig falschen Beurteilung bezüglich ihrer ökologischen Gesamtbilanz. Ökologisches Denken ist ganzheitliches Denken und das impliziert zwingend, daß die gesamte (!) Wirkungskette, beginnend mit der Rohstoffgewinnung und endend mit der Entsorgung, ins Kalkül gezogen wird, und nicht nur die kurze Phase und der begrenzte Bereich des unmittelbaren Gebrauchs.

5.2 Paradoxien der "Energiewende"-Klimapolitik

Eine einseitige Klimapolitik, die die Dekarbonisierung mit höchster Priorität fordert, ist mit nicht wenigen Paradoxien konfrontiert. Sie steht etwa bei der Windenergie z.T. im **Widerspruch** zum Umwelt-, Natur- und Artenschutz. Und die Forcierung der E-Mobilität auf Kosten des Dieselmotors nimmt **kurzsichtig** nur die emissionsfreie Nahwirkung in Betracht, übersieht aber die ökologische Gesamtbilanz – zudem ist die Nachfrage nach den politisch verteufelten deutschen Dieselautos, die aber technisch zur Weltspitze gehören, in den östlichen Nachbarländern sehr groß, so daß die CO_2-Emission in Europa nicht im geringsten vermindert wird.

Im übrigen ist der *Anteil Deutschlands* an CO_2 -Emissionen im Weltmaßstab nur etwa 2 Prozent, d.h. das Ergebnis selbst einer totalen Dekarbonisierung wäre, global gesehen, vernachlässigbar. Das Argument, Deutschland solle sich als *Vorbild* präsentieren, ist absurd: denn ein Vorbild, welches nicht als solches anerkannt wird, ist kein Vorbild; ganz im Gegenteil wird die deutsche Energiewende-Politik von den Nachbarländern als Negativbeispiel wahrgenommen [27i], ([27j].

Schließlich noch ist die BRD bei *Versorgungslücken* bei Dunkelflauten auf Strom aus nicht-regenerativen Kohle- und Atomkraftwerken des benachbarten Auslands angewiesen.

Am 3. Juli 2020 wurde das Kohleausstiegsgesetz beschlossen. *«Wir schalten termingenau versorgungssichernde Anlagen ab, erzeugen Energiemangel und beheben diesen durch Wasserstoff aus Afrika – für den es allerdings keinen Termin gibt.... Das Oberziel ist die Dekarbonisierung Deutschlands bis 2050... Die dann eingesparten Emissionen werden bis dahin durch das globale Bevölkerungswachstum um ein Mehrfaches übertroffen sein. Man wird dann feststellen, dass ... durch die Deindustriali-sierung keine Mittel mehr zur Hand sind, sich auf den Klimawandel einzustellen.»* [27u]

5.3 Problematik der Elektro-Mobilität

Im Stadt- und Überlandverkehr sind E-Fahrzeuge zwar praktisch schadstofffrei. Wenn jedoch der gesamte Zyklus, beginnend mit der Gewinnung der erforderlichen Rohstoffe und mit dem Problem der Rezyklierung und Entsorgung endend, betrachtet wird, dann ist es unter Fachleuten zumindest strittig, ob in der Gesamtbilanz das E-Auto besser als der Diesel abschneidet und es nicht sogar umgekehrt ist [26c], [26d1]- [26d3], [x12] S.281. Dazu kommt das, im Gegensatz zu den Starterbatterien für Benzin- und Dieselautos, noch ungelöste Recyclingproblem für die knappen Rohstoffe *Kobalt* und Lithium in den Batterien der

"Stromer", und weiter, daß der Abbau des für die Batterien erforderlichen Kobalts unter lebensgefährlichen Bedingungen und Kindersklavenarbeit, vor allem in ungesicherten Minen in Kongo, erfolgt [24a6],[26a], mit schätzungsweise Zehntausenden von Todesopfern [26g] – ist das ein Preis, sonst verbal stets die Menschenrechte beschwörender, grüner Politik?

Neuerdings wird auch in zunehmendem Maß *Nickel* für die Akkus von Elekroautos gebraucht. Die weltweit größte Nickel-mine – mit 35.000 Tonnen Produktion jährlich – befindet sich auf der indonesischen Insel Sulawesi (früher Celebes). Die ökologischen Folgen des Raubbaus in diesem Gebiet, das auf Grund der besonderen geologischen Lage mit einer außer-ordentlich großen und einmaligen Artenvielfalt ausgezeichnet ist bzw. war, sind ungeheuerlich (*Glaubrecht* [0d] S.341-342)

Ein grundsätzliches Problem der Umstellung auf E-Mobilität im geplanten großen Umfang ist einerseits der weitere enorme Energiebedarf, der nicht allein durch erneuerbare Energie-erzeugung gedeckt werden kann (Schätzung: bis ca. siebenfache Menge an Windkraftanlagen [x12] S.271) , und andererseits der notwendige Aufbau eines dichten Versorgungsnetzes mit Lade-stationen. Sonst droht eine landesweite "Immobilitätskrise" [26f].

Da in vielen Ländern, auch in China, die Umstellung auf E-Fahrzeuge höchste Priorität hat, kommt dem Grundstoff *Lithium* für die Batterien eine Schlüsselrolle zu. *Goldman-Sachs* bezeichnet daher bereits Lithium als "das Öl der Zukunft". China hat eine Vorreiterfunktion und schon den Fuß auf die wichtigsten Abbaugebiete in Australien, Chile und Bolivien gesetzt. Hier entwickelt sich ein Wirtschaftskampf zwischen den USA und China. Die Vorräte im Salzsee *Salar de Uyuni* in Bolivien werden von Geologen als möglicherweise die weltgrößten geschätzt. Die Unruhen in Bolivien um die

Ablösung des sozialistischen Präsidenten *Morales*, der Verträge mit China geschlossen hatte, seien daher in diesem Kontext auch als Einflußnahme der USA zu sehen, so der Analyst *William Engdahl*.[20b]

Schließlich darf das Risiko von Bränden nicht unterschätzt werden. Dic Feuerwehren stehen gegenüber von Bränden bei Elektroautos mit Lithium-Ionen-Hochspannungsakkus vor erheblichen Problemen, da Löschen im Gegensatz zu Benzin- oder Dieselfahrzeugen fast nicht möglich ist. [26k]

5.4 Problematik der Windenergieanlagen

Bei der Umstellung auf Windenergie stößt man, wie bei Solarenergie, auf grundsätzliche Grenzen des Wachstums und der Machbarkeit allein schon wegen des Bedarfs an Fläche [22a].

Hier zeigt sich auch, wie angeblicher Klimaschutz im *Widerspruch zum Umwelt- und Naturschutz* gerät: Abholzung von Waldflächen für die Errichtung oder auch nur den Zugang zu sog. "Windparks", wie solche Industriezonen euphemistisch benannt werden; - Fledermäuse und Vögel werden massenhaft in der Windschaufeln getötet [27d], was der Umwelt- und Naturschutzbund *BUND* allerdings durch Vergleich mit den durch Straßenverkehr und Glasscheiben getöteten Tieren herunterspielt [27e] und welchem Problem die Windkraftlobby durch Aufweichung des Artenschutzes entgegnen will [27f] ; - Urlaubsgebiete werden entwertet [27b]; - wegen der Gesundheitsschädlichkeit des erzeugten Infraschalls [27a1], [27a1] ziehen Anwohner weg bzw. müssen größere Abstände zu Wohnsiedlungen eingehalten werden. Deshalb auch stagniert die Neuinstallation von Windkraftanlagen in Bayern mangels verfügbarer Flächen, wo die vorgeschriebenen Abstände eingehalten werden können.

Tatsächlich schneiden Windkraftanlagen in der CO_2-Bilanz, auch wenn man die Herstellung einschließlich des Stahls und des Zements für die Fundamente und die Transportkosten einrechnet, sehr günstig ab [27]. Allerdings ist dies wieder einmal zu kurzsichtig gegriffen angesichts des ungünstigen Umwelteinflusses großer Windparks auf das lokale und sogar das großräumige Klima durch Temperaturerhöhung [27h2], [27h3] und durch Korrelation von Bodenaustrocknung mit der Bebauungsdichte durch Windräder [27h1]. Und schließlich wurden vor dem bislang ungelösten *Entsorgungsproblem* für die riesigen Rotorblätter, die praktisch weder brennbar sind noch verrotten, die Augen geschlossen [27g1] - [27g3].

5.5 Problematik der Solarenergietechnik

Im Jahr 2016 lieferten Solarenergieanlagen mit 300 Gigawatt installierter Leistung etwa 1,3% (im Vergleich zu 10% durch Kernkraft) der weltweit erzeugten elektrischen Energie. [27s2]

Die so hochgelobte Solartechnik, auch Photovoltaik genannt, zeigt jedoch bei Gesamtbetrachtung von Vor- und Nachteilen eine enttäuschend ungünstige Bilanz [27s1]- [27s4]. Sie ist

1. wenig effizient,

2. die Entsorgung der Abfallmengen ist nicht gelöst,

3. die Abfälle sind umwelt- und gesundheitsschädlich;

4. sie erfordert unverhältnismäßig hohen Materialeinsatz

5. und verstärkt soziale Ungleichheit. [27s1]

Zu 2. Nach einer Schätzung von *Environment Progress* [27s2] (einer Pro-Nuklearorganisation) verursachen Solaranlagen bezogen auf die erzeugte elektrische Energie mit über 30000 Kubikmeter je Terawattstunden ca. 300 mal so viel Abfall wie Kernkraftwerke durch verbrauchte radioaktive Brennstoffe. Dies ist beträchtlich, auch wenn sich das Verhältnis dadurch relativiert, daß 90% des Photovoltaikabfalls wiederverwertbar ist und nur der Rest toxisch, aber in weit geringerem Maße als die radioaktiven KKW-Abfälle. Im Gegensatz zu den strengen Auflagen für letztere ist die Entsorgung des Photovoltaikabfalls – mit Ausnahme in der EU – aber weitgehend ungeregelt; er landet meist zusammen mit sonstigem Elektroabfall auf Deponien in China, Indien, Ghana etc. Die EU-Regularien, die die Hersteller zur regelrechten Entsorgung verpflichten, sind mehr oder weniger Makulatur, wenn der Markt inzwischen von Herstellern außerhalb der EU beherrscht wird.

Zu 3. Die Abfälle enthalten mit Blei und Kadmium giftige Stoffe, die von den Schutthalden ins Grundwasser der nahen Siedlungen gelangen. Alte Solarpanel enden in vielen Fällen auf oftmals illegalen Müllkippen. Für die arme Bevölkerung vor Ort ist der Solarschrott eine Einkunftsquelle. Sie versucht, an das Silber-Tellurid oder Indium heranzukommen, verbrennen dazu das Plastik der alten Solarzellen, wobei giftige Dämpfe entstehen. [27s1]

Zu 4. Im Vergleich zu anderen Technologien hat die Solartechnik den größten Materialverbrauch (an Stahl, Glas, Zement, Beton, etc.) mit 16 Kilotonnen je Terawattstunde im Vergleich zu Windenergie- mit 10, Geothermal- mit 5 und Kernkraftanlagen mit 1 kt/TWh. [27s2]

Zu 5. *"Nicht nachvollziehbar ..., warum bei der EEG-Umlage sozial schwache Mieter die Solardächer von Gutverdienern subventionierten."* [25f] In Indien ist es ähnlich: Solarpanels können sich nur die Reichen leisten, nicht die meist in Lehmhütten lebenden Ärmeren. Diese finanzieren aber über Steuern und durch die wegen staatlichen Subventionen erhöhten Strompreise die Reicheren. [27s3]

Als Prestigeprojekt wurde eines der weltgrößten und ausgedehntesten das Solarkraftwerk *Noor* im sonnenreichen Marokko installiert. Eine kritische Analyse zeigt die Unwirtschaftlichkeit und völlige Abhängigkeit von Subventionierung auf.[27t]

Wie sich schon bei E-Mobilen und Windanlagen herausgestellt hat, muß die in der Nahbereichsperspektive zunächst optimistische Bewertung nach Analyse der Gesamtbilanz, vor allem in Anbetracht der ungelösten Entsorgungsproblematik, ernsthaft in Frage gestellt werden.

5.6 Versorgungs(un)sicherheit, Blackout-Risiko

Unter "Dunkelflaute" versteht man die Situation, wenn mangels Sonne und Wind Solar- und Windkraftanlagen praktisch keinen Strom liefern können, was besonders im Winter nicht selten vorkommt. Im Gegensatz zu mit fossilen Energieträgern betriebenen Kraftwerken lassen sich die Windkraft- und Solaranlagen nicht den Bedarfsschwankungen und vor allem den Bedarfsspitzen angepaßt regeln. Um die Versorgungssicherheit zu gewährleisten, sind bedarfsgemäß regelbare Kraftwerke, noch auf der Basis fossiler Brennstoffe, unverzichtbar.

Mit der weiter forcierten Dekarbonisierung wird das Risiko plötzlicher Zusammenbrüche des Stomnetzes, sog. *"Blackouts"*, gefährlich erhöht. Die politischen Entscheidungsträger scheinen für die dramatische Tragweite eines *Blackouts* blind zu sein: Telefon und Internet, Wasserver- und -entsorgung, Aufzüge, Tankstellen, Kühlaggregate, Heizungen, Brandbekämpfung, Krankenhäuser, usw. usf. fallen aus; ein Kollaps unserer hochindustrialisierten Gesellschaft wie im Krieg.[x9] S.131; [3c14]

5.7 Nahrungsmittel für den Tank?

Als eine der haarsträubensten Absurditäten der Klimapolitik erscheint die Erzeugung von Biosprit oder Biogas aus eigentlichen Nahrungsmitteln. Dazu werden landwirtschaftliche

Flächen in Europa und in Drittweltländern ge(miß)braucht bzw. Wälder abgeholzt. [3c15]

Es ist «*durch die angeblich ökologisch gebotene Subventionierung von Biosprit bereits zu einem potenziell tödlichen Konflikt zwischen Tank und Teller gekommen. In Mexiko und auch in den Maghreb-Ländern kam es deshalb vor einigen Jahren ... schon zu Hungeraufständen.*» [2]

Z.B. wurde 2008 bei dem G8-Gipfel in Japan «*der Einsatz von Kraftstoffen aus Agrarprodukten* [thematisiert]*, deren stark expandierender Anbau im direkten Zusammenhang mit der Verknappung des Nahrungsmittelangebots und dem damit einhergehenden extremen Preisanstieg wichtiger Grundnahrungsstoffe wie Getreide gesehen wird. So geht aus einem Bericht der Weltbank hervor, dass der Preisanstieg um bis zu 75 Prozent auf die Ausweitung der Biokraftstoffproduktion zurückzuführen ist. In Mexiko sowie in anderen Schwellen- oder Entwicklungsländern ... wirkten sich die negativen Folgen des Preisanstiegs besonders besorgniserregend gerade auf die ärmeren Teile der Bevölkerung aus, da diese bis zu 50 Prozent ihres Einkommens für Nahrungsmittel ausgeben.*» [24x]

5.8 Neokolonialistische Klimapolitik

"*Als sehr bedenklich erscheinen ... auch Versuche westlicher Entwicklungspolitiker, arme Länder in Asien, Afrika und Lateinamerika im Namen der 'Dekarbonisierung' mit z.T. erpresserischen Methoden vom Bau von Kohlekraftwerken abzubringen. Dabei gibt es fast überall auf der Welt gut erreichbare und kostengünstig förderbare Kohlevorkommen. Und Kohle ist relativ einfach transportier- und lagerbar. Sie könnte also eine Schlüsselrolle bei der Überwindung der Armut durch die Bereitstellung preiswerter und verlässlicher Elektrizität spielen. Jetzt stoßen Chinesen und Inder massiv in die von der westlichen Entwicklungspolitik offen gelassene Marktlücke.*" [2]

Die schon erwähnten kriminellen Bedingungen, unter denen das für die E-Mobilität notwendige Kobalt vor allem im Kongo abgebaut wird, wurden bereits erwähnt. Ähnlich steht es mit der Gewinnung der für Computer, Mobiltelefone u.a. Elektronik nötigen Seltenen Erden und anderen raren Bestandteilen wie des für Speichermedien benötigten Metalls Tantal: Sklavenarbeit in ungesicherten Minen und mit Niedrigstlöhnen.[29g], [x12] S.260-263. Die Dramatik der Umstände, die sich nicht nur auf Elektronik-komponenten für Smartphones beschränken, verdient es, in der Version der auf Supply Chain Management spezialisierten Ökonomin *Prof. E. Hartmann* geschildert zu werden [x8] S.172:

"In Smartphones stecken viele Metalle, darunter Gold, Zinn, Coltan, Wolfram aus den Minen des Ost-Kongo. Diese Region wird seit Jahren von drei bis vier Dutzend Rebellengruppen terrorisiert. Ihnen gehören die meisten der 900 Minen. Mit deren Erlös finanzieren sie Waffenkäufe, Nachschub und Offiziere. Die Arbeiter für diese Minen werden zum Großteil gepreßt. Das läuft so ab: Rebellen überfallen ein Dorf und schießen alles nieder, was entfernt nach Widerstand, der größtenteils unbewaffnet ist, aussieht. Dann kidnappen sie Männer und Frauen. Um die Versklavten für die Arbeit gefügig zu machen, werden einige Männer verstümmelt und öffentlich zur Schau gestellt und die Frauen ebenso öffentlichkeitswirksam gruppenvergewaltigt... Das Ausmaß der Gewalt in diesen Folterminen sprengt jedes menschliche und unmenschliche Vorstellungsvermögen..."

Die Zahl der Menschen in Zwangsarbeit wird insgesamt auf 21 Millionen geschätzt. davon 1/3 in der Produktion und im Bergbau. [x8] S.185-187

6. Faktizität gegen Virtualität: reale Probleme

6.1 Virtualität, Klimakrise als Konstrukt?

Hier werden dem *Abstraktum* "Klima", welches angeblich "gerettet" werden soll, die vor aller Augen brennenden *konkreten* Probleme gegenübergestellt, die für den Bestand der Ökosphäre und das Überleben der Menschheit in nächster Zukunft von entscheidender Bedeutung sind. Im Gegensatz zu diesen *eigentlichen* Problemen stellt die angebliche Klimakrise ein virtuelles Problem und ein fiktionales Konstrukt dar. Dies bedarf einer kurzen Erläuterung.

"Klimakrise" wird begründet durch Indikatoren: Zunahme von Extremwetterereignissen, ungewöhnlichen Meeresspiegelanstieg, Gletscherschmelzen, globale Erwärmung, etc. Wie wir gesehen haben, sind die beiden erstgenannten Indikatoren nicht durch die Fakten gestützt. Die beiden letztgenannten Indikatoren sind hingegen real. Allerdings ist das Gletscherschmelzen weitgehend auf natürliche Weise erklärbar. Und das Ausmaß der globalen Erwärmung und der anthropogene Anteil daran ist noch nicht vollständig geklärt, und in welchem Maß die Erwärmung insgesamt schädlich oder nützlich ist, ebensowenig. Die Situation einer *Krise* oder gar einer drohenden *Katastrophe* basiert auf Szenarien, die mittels Klimasimulationsprogrammen auf Computerschirmen dargestellt werden können, sie sind *virtuell* und (noch) nicht faktisch real. Die Krise ist eine Vermutung oder Befürchtung, aber nicht zwingend aus den Fakten ableitbar, d.h. es handelt sich um ein *fiktionales Konstrukt*. [28]

Wie *Albert Camus* einmal treffend erkannt hatte, ist *Totalitarismus "Politik der Massenmobilisierung für unerreichbare Ziele"* [29]. Dies trifft auf institutionalisierte Religionen, auf den Kommunismus zu und scheint sich aktuell auch auf die Klimapolitik übertragen zu lassen.

---

[28] Im Gegensatz zur modischen Lehre eines radikalen Konstruktivismus unterscheiden wir hier zwischen faktengestützten und fiktionalen Konstrukten

[29] zitiert nach *Lüdecke* [3a2] S.19

6.2 Priorisierungswechsel der Weltprobleme

1972 hatten *Meadows* et al. in der bahnbrechenden Groß-studie *"Die Grenzen des Wachstums"* [0b1] als wichtigste Probleme der Menschheit: Wettrüsten, Umweltverschmutzung, Bevölkerungsexplosion und Wirtschaft benannt – nicht das Klima.

1973 nannte der Zoologe und Mediziner und Nobelpreisträger *Konrad Lorenz* in seiner Schrift *"Die acht Todsünden der zivilisierten Menschheit"* an oberster Stelle die Übervölkerung und die Verwüstung des Lebensraums. [x0]

1985 hat der Wissenschaftsjournalist *Prof. Hoimar von Ditfurth* als die uns unmittelbar bedrohenden "apokalyptischen Reiter" genannt: "Krieg" (er meinte vor allem auch den Nuklearkrieg) "und Zusammenbruch der irdischen Biosphäre", und betont: «*Von allen Formen des Wachstums, die uns heute an Grenzen stoßen lassen, ... ist das Wachstum unserer eigenen Art die gefährlichste.*» [x2] S. 158-159

1992 schrieb *Herbert Gruhl*: «*Ein halbes Jahrhundert hat genügt, den ganzen Planeten weitgehend zu ruinieren ... die Zerstörungsprozesse ... sich laufend verstärken: durch die Bevölkerungsexplosion und das, was man 'wirtschaftliches Wachstum' nennt.*» [0a] S.290 – *Gruhl* thematisierte zwar den Treibhauseffekt und mögliche Risiken durch Klimaerwärmung [0a] S.281-284, dies aber nur als eine unter anderen Gefahren.

2002 hat der Kulturhistoriker *Hermann Glaser* die "*Grundfragen des 21. Jahrhunderts*" [x4] in 10 Kapitel aufgeteilt, darunter behandelt eines u.a. "die ökologische ... Herausforderung" mit den Unterthemen Bevölkerungsentwicklung, Artensterben und Erneuerbare Energien.

In der Nachfolgestudie [0b2] von 2002/2012 *"Die Grenzen des Wachstums – Das 30-Jahre Update"* haben *Meadows* et al. zwar als Beispiele für grenzüberschreitende Wachstumsfaktoren neben der Weltbevölkerung und der Weltindustrieproduktion auch den CO_2-Konzentrationsanstieg, als Indikator für die Umweltbelastung, aufgeführt [0b2] S.6 und der Klimaerwärmung durch den Treibhauseffekt ausführlich Rechnung getragen [0b2] S.113-120, aber schließlich in einer Liste von empfohlenen Richtlinien für eine auf Nachhaltigkeit ausgerichtete Gesellschaft als wichtigste Punkte «*Verlangsamung und ... Beendigung des exponentiellen Wachstums von Bevölkerung und materiellem Kapital*» hervorgehoben.[0b2] S.270

Erstaunlich ist vor allem die Schwerpunktsverlagerung in den zwei ersten Jahrzehnten des 21. Jahrhunderts in Richtung Klima als Weltproblem Nummer eins, offensichtlich auch begünstigt durch die Erfolgsgeschichte der Kampagne von *Al Gore*, die 2007 in der Friedensnobelpreisverleihung gemeinsam an ihn und den Weltklimarat *IPCC* mündete. Das bisher stets im Bewußtsein mit an vorderer Stelle rangierende Über-bevölkerungs- und -wachstumsproblem geriet aus dem Fokus, und für die "Klimaretter" ist eine ausgesprochene Blindheit dafür charakteristisch.

Es gibt aber auch einige Stimmen, die die größeren und übergeordneten Zusammenhänge hervorheben; beispielsweise der Biologe *Prof. M. Glaubrecht* [30] in seinem monumentalen Werk "*Das Ende der Evolution*":

«*Heute .. heißen die neuen und wahren apokalyptischen Reiter: Bevölkerungsexplosion, Ressourcenverknappung, Um-weltzerstörung – und in der Folge davon Biodiversitätskrise und Artensterben*» [0d] S.25 und weiter:[#] «***Dagegen ist der inzwischen viel beachtete Klimawandel lediglich einer der Nebenschau-plätze.***» [0d] S.26

Die Zeit ist überfällig, von der irrationalen momentan herrschenden Klimamonomanie wieder auf die vorher seit Jahrzehnten selbstverständliche rationale Einsicht der eigent-lichen Großprobleme der globalen Krise zurückzufinden:

---

[30] Fachgebiete Evolution und Biodiversität, Universität Hamburg. *Glaubrecht* bestreitet das Klimaparadigma nicht, spricht ihm aber die oberste Priorität ab.
[#] Hervorhebung (*EPR*)

Es bestehen i.w. zwei große Problemkomplexe, die mit ungebremstem Wachstum zu tun haben. Zum einen das zügellose ressourcenausbeutende Wirtschaftswachstumsparadigma, zum andern die Überbevölkerung und das immer noch fortschreitende Weltbevölkerungswachstum. Von beiden leiten sich alle anderen brennenden Probleme ab.

6.3 Großproblem: Wachstumswirtschaft

Wirtschaftswachstum spielt sich in vereinfachter Einteilung i.w. in drei Wirtschaftsblöcken ab:

den Hochindustrieregionen (i.w. G7-Staaten), den Schwellenländern (G5-Staaten u.a.) und den Entwicklungsländern ("Dritte Welt") aus unterschiedlichen Antriebskräften und unterschiedlicher Bevölkerungsdynamik auf verschiedene Weise.

- In der 1. Welt der Industienationen mit weitgehend stagnierender und z.T. abnehmender Bevölkerung gilt Wirtschaftswachstum als unverzichtbar für das Funktionieren und den "Fortschritt" des kapitalistischen Wirtschaftssystems.

- In den Schwellenländern, i.a. nach einer Phase enormen Bevölkerungszuwachses, erfolgt das Wirtschaftswachstum als Aufholjagd, um die angeblich durch die Großmächte bzw. früheren Kolonialmächte vereitelte Wohlstandsentwicklung nachzuholen.

- Und für die "Entwicklungsländer" der Dritten Welt ist auf Grund ihres anhaltenden Bevölkerungswachstums eine entsprechend wachsende Wirtschaft überlebensnotwendig.

Charakteristisch ist etwa die Stellungnahme des damaligen mexikanischen Präsidenten bei dem G8-Gipfeltreffen 2008 in Japan: er «... *wies als Sprecher der G5-Staaten darauf hin, dass die Verantwortung für den Klimawandel nicht bei den Schwellen- und Entwicklungsländern abgeladen werden dürfe.*

Vielmehr müssten die G8-Staaten auch hier ihre Vorreiterrolle wahren... » [24x]

Allein schon der Vergleich der beteiligten Bevölkerungs-zahlen zeigt, auf welch nahezu unüberwindliche Hindernisse jegliche Bemühungen um eine weltweite "große Trans-formation" in Richtung einer ökologisch nachhaltigen Gleich-gewichtswirtschaft stößt: den ca. 750 Mill. Menschen der G7-Industriestaaten stehen mit ca. 3 Mrd. allein in China, Indien und Brasilien die vierfache Anzahl von Menschen gegenüber, die begierig sind, an den Wohlstand in den Industriestaaten anzuschließen, was zwangsläufig entsprechenden Bedarf und Verbrauch an Energie, vorwiegend aus fossilen Brennstoffen , Rohstoffen, Schadstoffemissionen, Abfall, Nahrungsmitteln, Landflächen, etc. nach sich zieht.

Um nur ein Beispiel für den enormen "Nachholbedarf" zu geben: die PKW-Dichte war um 2005 in China 12 je 1000 Ein-wohner, 2010 bereits ca. 45 und dürfte 2018 schon 100 über-schreiten, wobei China inzwischen der weltgrößte Produzent mit ca. 25 Mill. PKWs im Jahr ist [24c] . In Indien liegt die PKW-Dichte bei 23, es werden aber fünfmal so viele Motorräder und Mopeds gekauft wie Autos [24d] . Im Vergleich dazu liegt die PKW-Dichte in der Bundesrepublik bei über 500.

Welche Triebkräfte stecken aber hinter dem <u>Wachstumszwang in den hochentwickelten Industrienationen</u>? Dieses komplexe Thema kann hier nur stichpunktartig berührt werden:

 – das *Zins- und Geldsystem*: der Ökonom *B. Senf* weist auf den weitgehend tabuisierten Zusammenhang zwischen unserem zins- (und zinsezins-) basierten Geld- und Finanzsystem und die dadurch bedingte Notwendigkeit wirtschaftlichen Wachstums hin, um die Zinsen zu bedienen [0e], [x16b];

 – der "*Turbokapitalismus*", nach dessen primärem Prinzip der Gewinnmaximierung die Geschäftsplanung der Großunter-

nehmen von Großaktionären (Shareholders) wachstums-
orientiert bestimmt wird;

– die *Arbeitsplätze* der riesigen Zahl von Technikern,
Ingenieuren, Wissenschaftlern, Kaufleuten und sonstigen
Angestellten und Arbeitern, usw. müssen durch Beschäftigung
erhalten werden; auch dadurch der ständige Zwang, neue
Produkte auf den Markt zu bringen und diese durch Werbung
anzupreisen, auch wenn die Neuerungen unbedeutend sind;

– *Obsoleszenz*: die geplante Veraltung (vorzeitiger Verschleiß
bzw. Nichtaustauchbarkeit von Komponenten, "reparieren lohnt
sich preislich nicht mehr") erzwingt Kauf neuer Produkte;

– Zusammenspiel von *Produzenten und Konsumenten*: einerseits werden durch Werbung neue Bedürfnisse geschaffen,
andererseits sind die Verbraucher gierig nach ständig Neuem,
nach angeblichen Verbesserungen, mehr Komfort, mehr Sozial-
prestige; der Konformitätszwang (und sei es konfektionierte
Pseudoindividualität) neu kreierter Moden;

– die *Wohlstandsfalle*: je mehr Wohlstand und Luxus erreicht
ist, umso größer ist der Aufwand für eine auch noch erfahrbare
Steigerung; usw. usf.

Daß die extremen Entartungen des Kapitalismus gezähmt
werden müssen, ist unstrittig. Ob allerdings die "*Grüne
Revolution mit intelligentem Wachstum*" eines *Ralf Fücks* [x7]
oder ähnliche Wirtschaftsmodelle tragfähig und überhaupt
realisierbar sind, ist mit einem großen Fragezeichen zu versehen; siehe dazu die pessimistische Einschätzung im Kap. 7.5 .

6.4 Großproblem: Überbevölkerungswachstum

Zu dieser Thematik gibt es viele Untersuchungen, z.B. ein
ausführliches Kapitel bei *Glaubrecht* [0d] S.211-331 . Bekanntlich ist
die Weltbevölkerung von 1 Milliarde um das Jahr 1800 auf

3 Mrd. 1960 und auf 7 Mrd. im Jahr 2011 gestiegen und wächst momentan innerhalb von etwa 12 Jahren um je eine weitere Milliarde, d.h. jährlich um 80 Millionen. Das stärkste Wachstum geschieht in Afrika (in dem Jahrhundert von 1950 bis 2050 ist mit einer Verzehnfachung der Bevölkerung zu rechnen), aber auch in den islamischen Ländern im Vorderen Orient und in Südostasien, Indien nicht zu vergessen, das 1,4 Milliarden zu überschreiten und China zu übertreffen im Begriff ist.

Es wird gelegentlich die Ansicht vertreten, es könnten nicht nur die über 1 Mrd. Hungernden sondern noch viel mehr Menschen ernährt werden, es handle sich nur um ein Verteilungsproblem. Aber auch wenn die *Nahrungsmittel* ausreichten und die Verschwendung vermieden und das logistische Problem der Nahrungsversorgung gelöst würde, dann wäre es ein ständiger Wettlauf mit der Zeit: kaum sind alle Hungernden gesättigt, kommen weitere hungernde Münder (80 Mio. im Jahr) nach, für die zusätzliche Nahrungsmittel und dazu nötige (und immer knapper werdende) landwirtschaftliche Flächen (und Wohnraum, Ausbildungsplätze, Ärzte, usw.) gebraucht werden, usf.

In den Schwellen- und Entwicklungsländern gehen zusätzlich durch die anhaltende *Landflucht* in die Großstädte, die infolgedessen zunehmend in das Umland hineinwuchern, Nutzflächen für die Landwirtschaft und Nahrungsversorgung verloren. China hat nicht mehr ausreichend Anbauflächen, um die riesige Bevölkerung autark ernähren zu können, und « *wird mehr und mehr zum Lebensmittelimporteur, der sich heute bereits in Afrika und den USA Ackerland sichert. "Land grabbing"* ... » [0d] S.322

Ein schwerwiegendes soziales Problem schnell wachsender Populationen, auf das der Soziologe und Kriegsforscher *Prof. Heinsohn* immer wieder warnend hinweist, ist der (etwas plakativ anmutende) Begriff **"Kriegsindex"**, definiert als das

Verhältnis der auf die Eingliederung in den Arbeitsprozess wartenden jungen Menschen im Alter zwischen 15 und 19 Jahren und den die Plätze frei machenden im Alter zwischen 55 und 59 Jahren. In Mitteleuropa ist dieser Index < 1, aber z.B. in Nigeria 5 (in Afrika meistens über 4, in Syrien trotz Krieg noch 3,5), d.h. auf die alterbedingt freiwerdenden Arbeitsplätze wartet die Lawine eines Vielfachen an jungen Menschen, ein wirtschaftliches und soziales Problem, mit dem selbst ein hoch-entwickelter Industriestaat überfordert wäre, geschweige denn Entwicklungsländer wie in Afrika. Die Folgen sind enorme innere Spannungen, die zu Bürgerkrieg führen (in Nigeria z. B. Muslime gegen Christen), bzw. ein starker Migrationsdruck und Druck gegen die Nachbarländer mit externer Kriegsgefahr [42] . Die Bezeichnung "Kriegsindex" ist unter solchen Bedingungen nun durchaus zutreffend. Wenn Afrika bis 2050 um über 1 Mrd. und bis 2100 um ca. 3 Mrd. Menschen wachsen wird [43a], dann bedeutet dies enorme innerafrikanische Spannungen sowie einen enormen Migrationsdruck gegen Europa, welches – wenn es diesem Druck nachgibt, und so sieht es nach der Befür-wortung des UNO-Migrationspakts auch aus – angesichts der eigenen sinkenden Fertilität dann einem Austausch der auto-chtonen Bevölkerung entgegen strebt.

Es kann nicht deutlich genug betont werden: ***nicht der Klimawandel verursacht Massenmigrationen, sondern das Bevölkerungswachstum*** (außer Kriegen). Dies wird auch von Forschern, die seit Jahrzenten vor Ort arbeiten und die Ver-änderungen miterlebt haben, bestätigt (z.B. *Dr. Kröpelin* [4m]).

Ein wichtiger Aspekt ist das "***demographisch-ökonomische Paradoxon***". Im Gegensatz zur Populationsökologie, wonach bei Tieren die Fortpflanzungsraten unter günstigen Umwelt-bedingungen zunehmen, ist es beim Menschen umgekehrt. «*Je* *besser es den Menschen geht und je mehr Kinder sie sich leisten könnten, umso weniger haben sie* » [0d] S.284. Zum Wohlstand gehört auch die Verfügbarkeit von Bildung. Im Osten und Süden Afrikas z.B. sind nahezu 50% der Schwangerschaften ungewollt. [0d] S.282. Vor allem die Bildung der Frauen in den Schwellen- und Entwicklungsländern einschließlich Zugang zu Empfängnisverhütungsmethoden und -mitteln ist entscheidend für eine wirksame Reduktion des Bevölkerungswachstums.

Fatalerweise schlägt in jedem Fall die "ökologische Falle" zu: sowohl bei stark wachsender Bevölkerung als auch bei durch Wohlstandssteigerung gebremstem Bevölkerungswachstum. Denn mehr Wachstum und Wohlstand bedeutet mehr Verbrauch an Ressourcen, mehr Energiebedarf und Emission von Treibhausgasen, mehr Umweltzerstörung, usw. [0d] S.285

6.5 *weitere schwerwiegende konkrete Probleme*

Die prekäre Lage der Welt werden wir nur dann noch, wenn überhaupt, zum Positiven wenden können, wenn die *eigentlichen* brennenden Probleme in Angriff genommen werden. Die brennenden Probleme sind u.a.:

– Erschöpfung der Bodenschätze und fossilen Energiequellen,

– Verknappung und Degenerierung der lebenswichtigen Ressourcen Trinkwasser und landwirtschaftlich nutzbarer Böden,

– Schäden durch industrielle Landwirtschaft,

– der weltweite Abfall und die Vermüllung und Vergiftung der Meere,

– Vernichtung der Urwälder und Zerstörung von Ökosystemen,

– Ausrottung unzähliger Tier- und Pflanzenarten;

– Massentourismus,

– Zunahme von Armut und Hunger und der Schere zwischen Arm und Reich.

Es gibt nicht wenige Stimmen, die sich gegen die Priorität des Klimas unter den Weltproblemen stellen.[1d], [40], [48], [20d]

«Die aktuelle Klimadebatte bzw. das von den Medien angeheizte Spekulationskarussell um den anthropogen beding-ten Klimawandel scheint wie eine Ablenkung von anderen Ver-antwortlichkeiten, wie den Zuwachs der Weltbevölkerung...» [40]

«Fred Pearce (2007) macht in seinem Buch "Wenn die Flüsse versiegen" darauf aufmerksam, daß das Wasserproblem von wesentlich grösserer Relevanz ist als das CO_2-Problem... Alle Welt redet von schwindenden Energieressourcen; daß sich daneben eine ungleich gravierendere Wasserkrise anbahnt, ist bis jetzt kaum ins Bewußtsein gedrungen. » (*H. Kehl* [40])

Im folgenden greifen wir das Abfallproblem; die massen-hafte Ausrottung von Tier- und Pflanzenarten und Zerstörung von Ökosystemen, insbesondere der Regenwälder; die industri-elle Landwirtschaft und den Massentourismus heraus. Hier nur knapp, ausführlicher im Anhang C.

Abfallproblem (siehe Anhang C1)

Sehr problematisch muß angesehen werden, daß große Mengen Plastikmüll in Containerschiffen nach Ostasien (vor 2018 China, danach hauptsächlich Malaysia, Thailand, Viet-nam) "externalisiert" werden und Elektromüll nach Afrika. Wir bezahlen ärmere Länder dafür, daß sie unseren Müll nehmen, mit dem sie noch mehr als wir überfordert sind – und wer garantiert, daß unser Müll nicht wieder im Meer landet?

Plastik-Vermüllung der Meere [31]-[31g] (siehe Anhang C2)

Plastik ist fast unverwüstlich, zerfällt langsam zu Mikro-plastik und übersteht Jahrhunderte [31b2]. Meerestiere verenden durch Plastikteile, gesundheitsschädigende Mikroplastik wird über die Nahrungskette schließlich vom Menschen aufge-nommen. Außerdem sind Küsten weltweit mit Müll übersät.

Zerstörung tropischer Regenwälder (siehe Anhang C3)

Die tropischen Regenwälder sind von unschätzbarer Bedeutung für das ökologische Gesamtsystem Erde, sind allerdings ökologisch sehr verletzlich. Wegen der schnellen Verrottung von Pflanzenresten bildet sich nur eine dünne Humusschicht, die nach Abholzung schnell abgetragen wird und damit zur Versteppung und Verwüstung führt.

Die großflächigen Waldbrände 2019 im Amazonas-Gebiet zeigen, daß sowohl kapitalistische (*Bolsonaro* in Brasilien) als auch sozialistische Ideologien (*Morales* in Bolivien) letzlich keinen Halt machen vor Naturzerstörung zum Nutzen der Menschen, sei es für gewinnhungrige Konzerne oder sei es für wachsende ärmliche Bevölkerungmassen.

Indonesien ist der größte Palmölproduzent der Welt; dank des europäischen Biosprits entstanden riesige Monokulturen in Regenwäldern. Der Biospritboom führte zur Vernichtung von Tieflandregenwäldern.

Ein Beispiel für das Zusammenstoßen von Übervölkerung, Ressourcenübernutzung und Regenwaldzerstörung ist die Hauptstadt von Indonesien *Jacarta* auf der Insel Java [29i1] , deren Umsiedelung nach Borneo geplant wird, wobei wiederum Regenwälder zum Opfer fallen werden.

Biodiversitätskrise und Massensterben der Arten

Dieses leidige Thema wird in den z.T. überholten Büchern von *E. O. Wilson* [0c] und *F. Wuketits* [0p] und aktuell in dem monumentalen Werk [0d] des Evolutionsbiologen *M. Glaubrecht* *"Das Ende der Evolution. Der Mensch und die Vernichtung der Arten"* ausführlich behandelt. Hier mögen nur kurze Bemerkungen genügen. Durch die heutige Menschheit stirbt die Fülle der Lebensformen, der Tier- und Pflanzenarten, in einem Ausmaß wie nie zuvor in den letzten Millionen Jahren: ein Massensterben in erdgeschichtlichem Maßstab, vergleichbar mit dem Ende der Kreidezeit und der Dinosaurier vor 65 Millionen Jahren. Insgesamt wäre das heutige, durch die Menschen ausgelöste, Massenaussterben das sechste Massenaussterben in der Erdgeschichte.

Was bedeutet *Biodiversität*? Allgemein die Vielfalt der Arten in der Natur; konkret die Vielfalt auf den drei biologischen Organisationsniveaus: der genetischen Vielfalt, der Arten und schließlich der ganzer Lebensräume, also Ökosysteme. [0d] S.365 .

Die hauptsächlichen *Faktoren des Artensterbens* sind: Bevölkerungswachstum, Lebensraumverlust, Umweltverschmutzung, Übernutzung (Jagd, Wilderei) und invasive (eingeschleppte) fremde Arten, die die heimischen Arten verdrängen. Man sieht unschwer, daß der immer größer werdende Populationsdruck seitens der Menschen die Hauptursache ist, von der sich die anderen Faktoren ableiten. [0d] S.431 – Ein erheblicher Anteil der Umweltverschmutzung, zutreffender: -vergiftung, der Tier- und Pflanzenarten erheblich zusetzt, wird durch die industrialisierte Landwirtschaft verursacht.

Eines muß erwähnt werden: die Warnungen der Alarmisten vor dem Aussterben der arktischen *Eisbären* als Indikator für den Klimawandel halten den Fakten nicht stand. Im Gegenteil sind Eisbären sehr anpassungsfähig und ihre Populationen i.w. stabil und ungefährdet. [30x1], [30x2], [x10b] S.243 f

Landwirtschaft, dieses komplexe Thema kann hier nur gestreift werden, siehe Anhang C5.

Massentourismus, siehe dazu Anmerkungen im Anhang C6.

6.6 *Änderung der Handlungsprioritäten*

Prioritätensetzung hat zwei Aspekte. Zum einen die Rangordnung gemäß *Wichtigkeit*, zum andern gemäß zeitlicher *Dringlichkeit*. Wenn, wie hier nachzuweisen versucht wurde, das Klima nicht mehr an vorderster Stelle der globalen Probleme rangiert, dann müssen sich auch die Prioritäten politischen Handelns und der Allokation finanzieller Mittel ändern. Und wenn andererseits der Klimawandel, in welche Richtung auch immer, ein über Jahrzehnte gehender relativ langsamer Prozeß ist, der – wie ebenfalls nachzuweisen versucht wurde – überdies wahrscheinlich weniger dramatisch sein wird, als die Klimamodelle des IPCC suggerieren, dann müssen sich auch die zeitlichen Prioritäten entsprechend ändern.

Hier sollen nur einige Beispiele gegeben werden:

Blackouts sind plötzlich eintretende Ausfälle der Stromversorgung, die ganze Zweige der Wirtschaft und Gesellschaft lahmlegen und nur kurzzeitig – soweit vorhanden – mit Notstromaggregaten überbrückt werden können,. Für den Staat muß daher die Versorgungssicherheit absoluten Vorrang vor Maßnahmen für eine fiktive, allenfalls in Jahrzehnten akut werdende "Klimarettung" haben, insbesondere dann, wenn diese Maßnahmen das Risiko von Blackouts maßgeblich erhöhen.

In Deutschland ist die Politik der "Energiewende" zurückzunehmen: sie ist sozial ungerecht. die gesteckten Ziele sind technisch und finanziell unrealisierbar, die verursachten Umweltschäden und der gesamtwirtschaftliche Schaden sind erheblich, insbesondere auch hinsichtlich des Risikos von katastrophalen Blackouts («*Der klimapolitische Alleingang der Deutschen muss ein Ende haben*», *Prof. H-W Sinn* [x25] S.30)

Im globalen Maßstab ist es z.B. um Größenordnungen wirksamer, alte Kohlekraftwerke in armen Ländern durch moderne Technik zu ersetzen, als etwa in Deutschland einzelne hochmoderne Kohlekraftwerke abzuschalten. (*von Storch* [x25] S.80)

Angesichts der Brisanz des Bevölkerungsexplosion in Afrika und der Bildungskatastrophe wäre es dringlicher, dort vorrangig in den Ausbau eines leistungsfähigen Bildungssystems (mit Teilhabe vor allem auch der weiblichen Bevölkerung) zu investieren, anstatt die Umstellung auf Solar- und Windenergieerzeugung nach europäischem Vorbild zu forcieren.

6.7 Ist noch genügend Zeit?

Wie wir gesehen haben, besteht große Unsicherheit über das Ausmaß der zu erwartenden Klimaerwärmung, möglicherweise auch –abkühlung, und der Folgen (s. a. Anhang A2.5). Zu den vielen offenen Fragen gehört vor allem das Ausmaß der CO_2-Klimasensitivität, die einerseits von wesentlicher Bedeutung für das politische Handeln ist und andererseits allem Anschein nach zu hoch angesetzt ist. Um diese grundlegende Unsicherheit zu klären, wäre es z.B. rätlicher, die Forschungen von *Prof. Svensmark* (S. 50) zum Klimaeinfluß der Sonnenaktivitäts-schwankungen zu fördern, anstatt ihm die Fördergelder zu streichen.

Es gibt durchaus Stimmen aus Fachkreisen, die vor überstürztem und ungenügend bedachtem Handeln warnen.

Es erscheint sinnvoller, noch einige Jahre für intensive Forschungsanstrengungen zu investieren, um die offenen Fragen zu klären und effiziente Technologien zu entwickeln, als durch überstürzte Schnellschüsse schwere Fehlschläge zu riskieren, auch wenn die CO_2-Konzentration von 410 ppm in 10 Jahren auf 430 ppm gestiegen sein sollte. (*E. Roth* [x9] S.154f & 169f).

Ähnlich argumentieren *Vahrenholt & Lüning*: [x10b] S.12 «*Wir haben **ausreichend Zeit, nach technologischen Lösungen zu suchen, die fossilen Energieträger ohne Wohlstandsverlust und Naturzerstörung abzulösen**.*» [+]

Der zu den bekanntesten Ökonomen zählende *Prof. Richard Tol* äußerte [x15c]: «*Es dauert 50 bis 100 Jahre, die Emission der Treibhausgase wieder auf ein verträgliches Niveau zu senken. Um dieses Ziel zu erreichen, ist Nüchternheit gefragt... es drohen keine Schäden, die zu einem übereiltem Handeln zwängen. Wir haben genug Zeit, in Ruhe nach den ökonomisch sinnvollsten Alternativen zu suchen, statt uns in einen Aktionismus zu flüchten, der sehr teuer wird.*»

Bezüglich eines letzten Ausblicks sei auch auf das <u>S</u> (S. 141) verwiesen.

[+] Hervorhebungen *EPR*

7. Ausblick

Schließlich sollen noch ökonomische, philosophische und pragmatische Aspekte gestreift werden.

7.1 Blinde Flecken der Wirtschaftstheorien

Der Wirtschaftswissenschaftler *B. Senf* hat die verschiedenen traditionellen Wirtschaftstheorien und -systeme im Hinblick auf ihre "blinden Flecken" analysiert [0e] : während fast alle Wirtschaftsmodelle, außer dem Marxismus und der sozialen Marktwirtschaft, weitgehend blind für soziale Mißstände sind, sind alle Modelle (klassischer Liberalismus, Marxismus, Neoklassik, das Freiwirtschaftsmodell von *S. Gesell*, die regulierte Marktwirtschaft nach *J. M. Keynes* und der Neoliberalismus) blind für ökologische Zusammenhänge und die Ausbeutung der Natur, mit einer einzigen Ausnahme: der Physiokratie der Feudalaristokratie im 18. Jahrhundert, wonach noch die Natur (und nicht der Mensch) als wirtschaftlicher Hauptproduktivfaktor galt und daher der Erhaltung zwingend bedurfte.

Die übrigen bisherigen Modelle betrachteten die Wirtschaft als ein isoliertes System, das in ein grenzenloses Universum als Umwelt eingebettet ist, welche einerseits als unerschöpfliche Input-Quelle von Rohstoffen und andererseits als unbegrenzte Output-Senke für die Abfallstoffe des Wirtschaftens dient. Eine Wechselwirkung zwischen Wirtschaft und Umwelt bzw. Rückwirkung der Umwelt auf die Wirtschaft wurde zunächst ignoriert, bis in zunehmendem Maße Ressourcenverknappung und Umweltschäden sich nachteilig auf die Wirtschaft auszuwirken begannen.

Im liberal-kapitalistischen System regelt sich Knappheit über den Preis und Umweltschäden gelten als Kosten, die durch

Externalisierung finanziert werden gemäß dem Prinzip: Privatisierung der Gewinne und Vergemeinschaftung der Lasten.

Dieses kurzsichtige Denkmodell der strikten Trennung zwischen einer Innenwelt menschlicher Wirtschaft und einer Umwelt-Außenwelt, die als unerschöpfliche Schatzkammer ausgebeutet und als unbegrenzte Abfallgrube verdreckt und vergiftet werden kann, muß nun durch die bittere Erfahrung, daß diese bisher völlig vernachlässigte Umwelt in Wirklichkeit einen unverzichtbaren lebens- und überlebensnotwendigen Teil unserer Lebenswelt ausmacht, durch ein weitsichtigeres integratives Denk- und Wirtschaftsmodell abgelöst werden. Dieses wird mit dem Begriff der "Nachhaltigkeit" gekennzeichnet. Der notwendige Paradigmenwechsel setzt sich zwar im Denken der Menschen sehr langsam durch, ist jedoch so tiefgreifend, daß die ökonomischen Realisierungspläne, umschrieben durch Begriffe wie "Grüne Revolution" oder "Große Transformation", mit großen Widersprüchen behaftet und mit großen Widerständen konfrontiert sind.

7.2 Nachhaltiges Wachstum? – ein Unmöglichkeitstheorem

Ein Paradigmenwechsel geht nicht abrupt vor sich. An dem bisher herrschenden und nie in Frage gestellten Paradigma notwendigen wirtschaftlichen Wachstums wird nach wie vor festgehalten. Lediglich die Wachstumsrichtung wird verlagert auf die Schiene der "Klimapolitik" mit den damit verbundenen Wachstumsbranchen. Weitere Steigerung des Wohlstands wird nicht ausgeschlossen, wenn die Konsumgüter in einen geschlossenen Wiederverwertungskreislauf geführt werden. – Genauer besehen ist "nachhaltiges Wachstum", wenn unter Wachstum ständige Steigerung verstanden wird, ein Widerspruch in sich. Denn ständige Steigerung der Produktion erfordert ständige Energiebedarfssteigerung, die insbesondere bei regenerativer Energie schnell auf Grenzen stößt. Auch der Dienstleistungssektor braucht Energie und Hilfsgüter, die hergestellt werden müssen.

Das *Unmöglichkeitstheorem* von *Daly* besagt, daß *nachhaltiges Wachstum* im Sinne ständiger Steigerung auf die Dauer unmöglich ist. [0k4]

Was möglich ist, das ist *nachhaltige Entwicklung* in Analogie zu begrenztem *organischem* Wachstum. Das heißt, daß bestimmte Bereiche – etwa Umweltschutz, Entwicklung schadstoffarmer Motoren und Energieerzeuger, usw. – wachsen können, während andere schrumpfen, wobei als Erhaltungsbedingung die weitgehende Konstanz des Gesamtdurchsatzes an Material und Energie gesichert sein soll. [0k5]

7.3 Philosophie und Ökologismus – Utilitarismus, Prinzip Verantwortung und Suffizienz

Philosophisch gesehen, liegt dem Wirtschaftswachstumsparadigma das Ethikprinzip des klassischen *Utilitarismus* von *Jeremy Bentham* zugrunde: so zu handeln, daß das *größte Wohl* (greatest good) für die größte Menge der Menschen verwirklicht wird. Da das Abstraktum *Wohl* (the good) schwer zu definieren ist, wurde es für die Ökonomie materialisiert durch *Güter* (goods). Das erreichte größte Wohl durch Verfügung über angebotene Güter ist stets steigerbar durch noch bessere oder noch mehr Güter. Die Verwirklichung des größten Wohls erfolgt somit in der Wirtschaft durch ständige Steigerung der Produktion und des Angebotes von Gütern, also Wirtschaftswachstum. [0k] S.360

Der Ökonom *Herman Daly* schlägt nun, im Sinne einer Gleichgewichtswirtschaft vor, das utilitaristische Prinzip entsprechend so abzuändern, daß das Ziel sein soll, (anstatt größtes:) *ausreichendes* Wohl (sufficient good) für möglichst viele Menschen einschließlich der zukünftigen noch nicht geborenen sicherzustellen.[0k] S.360 . Das Wachstumsprinzip soll durch ein **Suffizienzprinzip** abgelöst werden.

Mit der Ethik der Klimapolitik hat sich auch *Nicholas Stern*, der Autor des Stern-Reports [31], befaßt und zeigt, daß sie sich auf der Grundlage des Kategorischen Imperativs von Kant, der Tugendethik des Aristoteles und des konsequenzialistischen Utilitarismus rechtfertigen läßt. [x15a]. Aber an die Möglichkeit des instrumentellen Moralismus-Moralmißbrauchs, die Verschleierung von Macht und Profit im Rahmen der sog. Klimapolitik, hat *Stern* offensichtlich nicht gedacht.

Die Orientierung auf zukünftige Generationen kommt auch in dem von dem Philosophen *Hans Jonas* vertretenen "*Prinzip Verantwortung*" zum Ausdruck [x1], [0h] S.38-39 .

Zwischen den extremen Positionen eines radikalen Anthropozentrismus im Sinne des Philosophen *Descartes* und eines radikalen Ökologismus, der der Natur einen absoluten intrinsischen Wert und dem Menschen eine untergeordnete Rolle zuschreibt [0h] S.36-37, gilt es einen Mittelposition zu finden, die das Überleben der Menschheit und die Verantwortung gegenüber zukünftigen Generationen als anzustrebendes Ziel anerkennt.

In diesem Sinne läßt sich der "*evolutionäre Humanismus*" verstehen (*Schmidt-Salomon* [x27] , s. Kap. 7.7 Exkurs 3).

---

[31] siehe [x15]. Der Stern-Report wurde wegen fragwürdiger Rechnungen und "Panikmache" kritisiert [x15b]; u.a. beleuchtet der Ökonom *Prof. Richard Tol* die politischen Hintergründe [x15c]

7.4 Handeln bei Wissensdefizit –
'Logik des Mißlingens'

Angesichts der begründeten Skepsis gegenüber dem offiziellen Klimaparadigma einerseits und der Unmöglichkeit zuverlässiger Zukunftsprognosen andererseits befinden wir uns in der schwierigen Lage, mangels gesicherten Wissens zu Entscheidungen und zum Handeln gezwungen zu sein. Sich an einem postulierten Worst-Case-Vorsorgeprinzip starr hinsichtlich des ungünstigsten Zukunftsszenarios zu orientieren, ist keine "optimale" Strategie, vielmehr ist eine solche anzustreben, die alle realistisch möglichen Ausgänge im Auge behält – z.B. sowohl Klimaerwärmung als auch Klimaabkühlung – und flexibel genug ist, um sich an unvorhergesehene Änderungen anzupassen und wenn nötig umzuschwenken. Hierzu kann uns die ***Ökologie*** einen Anhaltspunkt geben: nicht Monokulturen und Extremspezialistentum , sondern Diversität und Adaptionsflexibilität sind die besten Überlebensstrategien.

Eine andere Sichtweise ist die aus der ***Entscheidungs-*** und ***Spieltheorie***. Bei einer Vielzahl möglicher Spielverläufe ist eine "Mischstrategie" günstiger, als sich auf eine an einem einzigen Spielverlauf festhaltende Strategie zu versteifen.[32]

Auf die politischen Entscheidungsträger trifft die Überschrift *"Denn sie wissen nicht, was sie tun"* (einer Rezension[0m1] des im folgenden angesprochenen Buchs) leider allzu sehr zu.

– *Exkurs 1: Vernetztes Denken notwendig*

In diesem Zusammenhang soll an das Buch [0m] des Systemtheoretikers und Psychologieprofessors *Dietrich Dörner*, der durch das Simulationsprogramm "Tanaland" bekannt wurde, erinnert werden [0m1]: *"Die Logik des Mißlingens: Strategisches Denken in komplexen Situationen"*. Die allgemeinen Merkmale der Handlungssituationen mit vernetzten Systemen sind: Komplexität, Intransparenz, Dynamik, Unvollständigkeit oder

---

[32] z.B. ist die optimale Strategie beim Sozialverhalten weder der reine Egoismus, noch selbstloser Altruismus, sondern die ("tit-for-tat")-TFT-Mischstrategie, bei der Kooperation im Falle von Reziprozität gepflegt, aber bei Verstoß bestraft wird.

Falschheit der Kenntnisse über das jeweilige System [0m] S.59. Eben diese Situation trifft auf die Klimamodelle und die Klimapolitik zu, weshalb gerade den Klimamodellierern und den Klimapolitikern dieses Buch besonders zu empfehlen wäre.

Ein grundsätzlicher Fehler ist die **reduktive Hypothesen-bildung**. [0m] S.132-136 Reduktive Hypothesen verführen zu der Illusion, man habe damit eine einfache "Welterklärung" in der Hand, bergen aber die Gefahr, der Komplexität der Realität überhaupt nicht gerecht zu werden und so zu unangemessenen politischen Handlungsmaßnahmen zu führen. «*Im Extremfall ergibt sich eine dogmatische Verschanzung eines Hypothesengerüsts, welches keineswegs eine "Wiederspiegelung" der Realität ist.*» [0m] S.136. Bei dem Klimaparadigma liegt ein doppelter Reduktionismus vor: zum einen die Reduktion der prioren Weltprobleme auf das Klima, zum andern die Reduktion des Klimas auf das CO_2.

Gewöhnlich dürfte das **Realitätsmodell** unvollständig und sogar falsch sein, und man tut gut daran, sich auf diese Möglichkeit einzustellen [0m] S.65. Angewandt auf die Klimapolitik würde das bedeuten, daß man sich nicht nur auf Folgen einer Klimaerwärmung, sondern auch auf eine mögliche Klimaabkühlung einstellt. Der Umgang mit unvollständigen und falschen Informationen und Hypothesen ist eine weitere wichtige Anforderung beim Umgang mit einer komplexen Situation [0m] S.66.

Typische Denkfehler[0m] S.160 sind die **Momentanextrapolation** – beim Klimaparadigma z.B. die Extrapolation der Erwärmung zwischen den 1970er und den 1990er Jahren zu einer anhaltenden "Klimakatastrophe" – und die **Zentralidee-Tendenz** – etwa die Fixierung auf das CO_2.

Ein weiteres Beispiel ist die Corona-Politik mit ihrer Versteifung auf Lockdowns und Masken[x84]; **strategische Inflexibilität** durch das *groupthink* [0m]S.285 eines Entscheidungsgremiums, das nur bestätigende Informationen sucht und einseitig nur die präferierte Politik stützende Berater heranzieht. Hinzu kommt, je größer die Investitionen, desto größer die Beharrungstendenz, damit die "Opfer" nicht vergeblich erscheinen. [0m] S.286

- *Exkurs 2: Staatsversagen in der Corona-Krise*

«Nur das Staatstheater kann es sich leisten, untauglichen Leuten Hauptrollen zu geben.»   *(Karlheinz Deschner)* [#]

Einen beispielhaften Anschauungsunterricht zur "Logik des Mißlingens" liefert das wirre Regierungshandeln im Rahmen der sogenannten Coronapandemie seit Anfang des Jahres 2020 bis dato (Ende März 2021). Es liegt auf der Hand, daß eine exekutive Runde aus einer Kanzlerin und Ministerpräsidenten und einem Bankkaufmann als Gesundheitsminister, die vom ***Kuba-Syndrom*** [##] befangen sind [75], eine denkbar schlechte Voraussetzung für ein effizientes Krisenmanagement darstellt.

Es ist zu befürchten, daß eine Kettenreaktion nahezu weltweiter Fehlentscheidungen ein "pandemisches" Ausmaß an ***Kollateralschäden*** mit Wirtschaftszusammenbrüchen und zusätzlichen Toten [###] nach sich zieht, die die Schäden, die das Virus selbst verursacht hätte, weit übertreffen könnten.

Zwar blieben in Deutschland die Covid-19-bedingten Todesfälle dank eines immer noch leistungsfähigen Gesundheitssystems im weltweiten Vergleich noch relativ niedrig. Jedoch ist die Begründung des Ausnahmezustands mit der Gefahr der Überlastung des Gesundheitssystems sehr fragwürdig, da u.a. der Ärzte- und Pflegekräftmangel dem Kommerzialisierungsdruck gerade infolge der Gesundheitspolitik geschuldet ist. [59]

Zudem deckt die Bilanz schwerwiegender Fehlentscheidungen nach über einem "Corona-Jahr" eine Systemkrise auf, die als "Staatsversagen" bezeichnet werden kann [73].

Um noch einige der gröbsten Fehler zu nennen:
– Zu Anfang war keine genügende ***Krisenvorsorge*** getroffen worden, obwohl seit 2012 ein detaillierter Pandemiehandlungsplan vorgelegen war, so daß an Schutzmasken und -aus-

---

[#] *"Nur Lebendiges schwimmt gegen den Strom. Aphorismen"*, S. 62

[##] wobei nur einseitige Berater herangezogen werden – Anspielung auf die Kuba-Krise unter dem US-Präsidenten Kennedy (s.a. Konformitätsdruck [0m] S.56)

[###] lebenswichtige Operationen wurden verschoben; außerdem ist mit deutlicher Zunahme von Suiziden und Suizidversuchen zu rechnen, wie in der renommierten medizinischen Zeitschrift *Lancet* berichtet wird. (siehe [58])

rüstungen ein erheblicher Mangel bestand, dem wegen der Aus-lagerung der Produktion nach China auch nicht kurzfristig abgeholfen werden konnte.

– Es gibt **keine evidenzbasierte Teststrategie**: der PCR-Test ist als Labortest nicht zur Diagnose zugelassen. Gleichsetzung von positiv Getesteten mit infektiösen Covid-19-Kranken und bei Steigerung der Testungen ansteigende sog. "Inzidenzen" sowie willkürliche Grenzwerte dienen als "Begründung" für endlose Lockdown-Verlängerungen – trotz fallender Todeszahlen (Stand März 2021).

– Obwohl das durchschnittliche Alter der an bzw. mit Covid-19 Verstorbenen oberhalb 80 Jahren liegt und das Sterberisiko bei unter 65 - 70-jährigen relativ gering ist, wurde **kein Plan zum gezielten Schutz der vulnerablen Bevölkerungsgruppen** ent-wickelt [#]. Der dringende Vorschlag international führender Epi-demiologen, Ärzte und Wissenschaftler mit der **Great-Barrington-Declaration** [80], genau dieses zu tun - anstelle von rigiden Lockdowns - wurde von den Regierungen ignoriert.

– Stattdessen wird der Großteil der weitgehend gesunden und ungefährdeten Bevölkerung einem – verfassungsrechtlich[57] **bedenklichen** – dauerhaften **Lockdown mit Entzug von Grund-rechten** unterworfen. Und dies, obwohl selbst die WHO davon abgeraten hatte [79] und durch Studien unter führenden Epi-demiologen [76]-[78] nachgewiesen worden war, daß harte Lock-downs nicht wirksamer als milde Einschränkungen (wie z.B. in Schweden) auf die Infektionsdynamik haben, aber erheblich größere Kollateralschäden verursachen.

Die Analyse der Todesfallstatistiken der letzten Jahre[74] zeigt, daß es keine deutliche Covid19-bedingte Übersterblichkeit gibt. Demnach ist die *Corona-"Pandemie"* ein **Konstrukt** und wäre keine *Pandemie* ohne die Änderung der *Pandemie*-Definition durch die WHO im Jahr 2009, bei der signifikante Übersterb-lichkeit als Kriterium gestrichen wurde. Damit kann jede weltweite Grippewelle als Pandemie deklariert werden. Trotz-dem ist **unbestritten, daß es bei Virusgrippen und besonders auch bei Covid-19 schwere Krankheitsverläufe geben kann.**

[#] Ausnahme: OB *Palmer* in Tübingen

Corona und Klima

Was die Deklaration eines "Klima-Notstands" nicht erreicht hatte, das wurde mit einem kleinen Virus geschafft: krasses Herunterfahren der Wirtschaft und Gesellschaft, wobei viele Selbständige und Klein- und Mittelstandsunternehmen Pleite zu gehen drohen – einhergehend mit einer Umverteilung von unten nach oben – und eine Wirtschafts- und Finanzkrise droht.

Der WEF-Direktor und Hauptautor des "Great Reset", *Klaus Schwab*, gibt die im geschichtlichen Maßstab relative Harmlosigkeit der Corona-Pandemie zu (*«the least deadly pandemics the world has experienced over the last 2000 years»*) [70] S.247 und läßt durchblicken, daß sie als willkommener Katalysator für eine "Öko-Diktatur" – die er natürlich, mit humanitaristischen Wertbegriffen verbrämt, anders umschreibt – dient.

7.5 Entropie und Unverbesserlichkeit der Menschen

Herbert Gruhl hat in seinem Spätwerk[0a] auf den ersten Blick pessimistische, auf den nächsten aber durchaus realistische Einsichten zu Papier gebracht. Hier nur kurz:

«Zehntausende von klugen Köpfen haben sich schon daran gemacht, Pläne auszudenken, mit denen die Welt zu retten sei.» Gruhl [0a] S.333 kommt zu der *«Gewißheit ..., daß sie undurchführbar sind und bleiben werden»*. Die einen der Pläne laufen darauf hinaus, durch Einsatz großer Geldmengen «die Zukunft zu erkaufen» – das scheitert schon daran, daß die Geberländer (die überdies alle verschuldet sind) keine Billionen auf Kosten ihres erreichten Wohlstands aufbringen wollen. Andere Pläne fordern ein "neues Bewußtsein" der Menschen – wie sollte das aber in ein oder zwei Generationen möglich sein, wenn unser "steinzeitliches Bewußtsein" sich in tausend Generationen, trotz aller Religionen und Moralphilosophien, nicht verbessert hat?

Eine "Gleichgewichtswirtschaft" im Sinne eines Status quo der heutigen Weltwirtschaft in Bezug auf Energie- und Rohstoffverbrauch kann keine Lösung sein, da sie wie eine kontinuierlich niederbrennende Kerze ihre Ressourcen, auch bei drastischer Reduktion des Verbrauchs fossiler Brennstoffe, aufbrauchen würde und zum Verlöschen käme – alles andere als ein *ökologisches Gleichgewicht*. Von einem solchen kann man nur sprechen, wenn die jährliche Entnahme aus der Natur nicht höher ist als die jährliche Reproduktion der Natur. Einen solchen Zustand gab es in der Erdgeschichte etwa bis zum 19. Jh. (*Gruhl* [0a] S.364). Heute brauchen wir das "Kapital" der Natur auf (die Bodenschätze) und leben nicht mehr nur vorwiegend von den "Zinsen" (was sich in der Natur ständig erneuert).

Wir kommen nun zum Problem der **Entropie** [33]

Der bekannte erste Hauptsatz der Thermodynamik der Physik, der Energie-Erhaltungssatz, besagt, daß in einem geschlossenen System die Gesamtenergie unverändert konstant bleibt. Der weniger bekannte zweite Hauptsatz (das Entropie-Theorem) besagt hingegen, daß in einem geschlossenen System die Entropie in der Regel niemals abnimmt, sondern i. a. zunimmt.

Was aber bedeutet Entropie? Anschaulich umschrieben bedeutet die Zunahme von Entropie den Übergang von einem Zustand größerer Ordnung bzw. Strukturierung in einen ungeordneteren Zustand geringerer Strukturierung, und die Umkehrung ist unmöglich. Als Beispiel kann eine Farbpalette mit einer Vielfalt einzelner Farben dienen, die in einem Farbtopf zu einer einheitlichen Mischfarbe verrührt werden. Die Vermischung läßt sich nicht mehr rückgängig machen.[34]

Ein anderes Beispiel, fossile Energiequellen: in Kohle ist Energie gebunden und nutzbar, durch die Verbrennung wird

---

[33] siehe *Georgescu-Roegen* in [0k2] ; *Gruhl* in [0a] S.253f

[34] Man wird den Entropiesatz in analoger Übertragung kaum überstrapazieren, wenn man ihn als Argument gegen die beliebige Vermischung aller Rassen und Ethnien und der Kulturen vorbringt.

Wärme erzeugt (und z. B. zu Arbeit genutzt) und Abwärme und Abgase werden in die Atmosphäre verstreut (dissipiert). Der Vorgang ist nicht mehr umkehrbar: aus der Arbeit, Wärme, den Abgasen kann die Kohle nicht wiedergewonnen werden; die Energie ist verloren, freigesetzt, ungebunden und nicht mehr verfügbar. Der Vorgang ist also die Verwandlung gebundener und nutzbarer in ungebundene, "freie" und unverfügbare Energie und damit ein qualitativer Entwertungsprozess.

In unserer Wirtschaft werden Produkte hoher Ordnung und Komplexität geschaffen; dies ist aber kein Widerspruch zum Entropiesatz, denn die Wirtschaft ist ein offenes System, in das ständig "von außen" Energie zugeführt wird. Nimmt man dieses "Außen" als Umwelt zur Systembetrachtung hinzu, dann ist dieses System Wirtschaft+Umwelt (letztlich die Welt) wieder ein geschlossenes System, das dem "fatalen" Entropiesatz unterworfen ist: die Produktion eines jeden Produkts ist mit Energieaufwand und dem beschriebenen Entwertungsprozess und der Erzeugung von in die Umwelt entlassenem Abfall usw. verbunden, was letztlich in der Gesamtbilanz die Entropie und damit die Unordnung in der Welt vergrößert. Der Prozess geht noch weiter: das Produkt wird gebraucht, abgenutzt, verbraucht und als Abfall "entsorgt", wie die Entropiezunahme beschönigend heißt. Auch Recycling ist mit restlichem Abfall und zusätzlichem Energiebedarf verbunden. Nach langer Zeit schließlich verrottet jegliches Produkt menschlicher Zivilisation, und seien es die großartigsten technischen oder architektonischen Meisterleistungen, zu Rost oder Staub. Das ist die unerbittliche Konsequenz des Entropiegesetzes.

Unseren "vormodernen" Vorfahren ging es um Erhaltung und *Überleben*, und sie blieben dabei weitgehend in ökologischem Gleichgewicht mit der Natur und trugen nur vernachlässsigbar wenig zur Entropiezunahme bei. Uns "Modernen" hingegen geht es um ständige *Lebensverbesserung*, wobei wir in eine "Wohlstandsfalle" geraten sind, so daß jede noch weitere Wohlstandsverbesserung immer größeren Aufwand kostet.

Dazu *Herbert Gruhl*: «*Der Mensch kommt aus der Industriegesellschaft ... nicht mehr heraus. Er kann nicht einmal die Produktion sinnloser Güter aufgeben. Täte er das, dann würden sofort einige hundert Millionen arbeitslos*» [0a] S.364. «*Der Satz von 'ökologischen Umbau der Industriegesellschaft' ist dummes Geschwätz. Denn das ganze Wesen der Industriegesellschaft besteht darin, daß sie anti-ökologisch ist*» [0a] S.365 .

Je höher der Energieverbrauch für die Produktion, desto größer sind Entropiesteigerung und Ordnungsverlust im Gesamtsystem Welt.

Die Menschen sind ***unverbesserlich***. Sie werden eher den Verlust an Freiheiten in einer Diktatur ertragen, als auf ihren Wohlstand zu verzichten [0a] S.358. Der Philosoph *C. F. von Weizsäcker* wies darauf hin, daß Bewußtseinsänderungen erst einen entsprechend hohen Leidensdruck erfordern [0a] S.357.

7.6 Resilienz - Schutz vor dem Klima

Die Änderungen des Wetters und des Klimas, seien es Kalt-, Warmzeiten, Stürme, Vulkanausbrüche, Erdbeben, etc. sind unverfügbare Großereignisse, die wir nicht verhindern können. Es ist ein Zeichen ***technokratischer Hybris*** # zu glauben, wir könnten den Gang des Klimas erzwingen — etwa durch gewaltsame Reduktion der CO_2 -Emissionen weltweit auf Null

---

oder wie in der ***Corona***-Krise die Kampagne "Zero Covid", bei der biologische Gesetzmäßigkeiten völlig ignoriert werden: seit Menschengedenken findet eine Koevolution mit den Viren statt; diese lassen sich nicht ausrotten, sie mutieren ständig und trainieren dadurch unser Immunsystem, welches sich immer wieder neu anpassen muß, und vice versa.

oder durch massive Geoengineering-Eingriffe in die Natur (z.B. in großen Mengen Chemikalien in die Atmosphäre einzubringen, um die Sonneneinstrahlung zu reduzieren, wie etwa bei dem SCoPEx-Projekt [#, ##] mit Kalziumkarbonatstaub) [x31]. Aber was dann, wenn trotz aller eitlen Bemühungen ein völlig falscher Weg eingeschlagen und riesige Schäden verursacht wurden, die nicht mehr rückgängig zu machen sind?

Wir müssen nicht allein in erster Linie das Klima schützen, sondern uns vor allem aber auch vor ihm [3t].

Der kanadische Klimatologe *Dr. Tim Ball*: «*Falls wir wirklich einer Krise gegenüberstehen, dann deshalb, weil wir uns für eine Erwärmung wappnen, während wir einer Abkühlung entgegengehen. Wir bereiten uns auf das Falsche vor.* » [x11] S. 221

Andererseits sagte der Klimatologe *Prof. von Storch*, der als moderater "Klimawarner" und nicht als Alarmist gelten kann: «*Wir müssen die Verletzlichkeit gegenüber dem Klima verringern* ». *Denen, die sich allein auf eine Verringerung der Treibhausgasemissionen konzentrieren, ist zu entgegnen, die Menschheit sei ja noch nicht einmal für die Extremfälle des heutigen Klimas gerüstet. Umso dringlicher sei es, für die künftig zu erwartenden Verhältnisse vorzusorgen....* [3x3]

Aus "klimaskeptischer" und konservativer Position wird die Auffassung vertreten, die wie schon seit Menschengedenken immer wieder naturbedingt wechselnden Wetterereignisse als gegeben hinzunehmen und die Aufgabe nicht in deren (vergeblicher) Verhinderung, sondern als *Anpassungs-Aufgabe* zu verstehen, die immer schon eine Alltäglichkeit menschlicher Zivilisation gewesen ist [21]. Dies läßt sich detaillierter ausführen:

«*Dazu gehören die Einhegung, Schadensminderung und Reparatur nach kleinen und großen Katastrophen. Die*

[#] wurde inzwischen von Schweden abgelehnt [x31]
[##] mitfinanziert von dem "Super-Technokraten" *Bill Gates* – der auch die Impfung der gesamten Menschheit propagiert, um das Corona-Virus angeblich zu besiegen

Verteidigung der Deiche bei Hochwasser; die Einhegung und Löschung von Wald- und Moorbränden; die Versorgung alter Menschen bei Hitzewellen; dazu gehört der Aufbau einer robusten Infrastruktur, die längere Zeiten des Drucks und wiederkehrende Krisen aushaltbar machen: Dürreperioden, Hochwasser-Regionen, Erdrutsch- und Lawinen-gefährdete Lagen. Dabei kann es um harte Schutzmauern gehen, aber auch um die Öffnung von Flutungsräumen. Oder um die Veränderung der Baumarten eines Waldes. Alle diese Beispiele haben gemeinsam, dass man nicht versucht, die Probleme gar nicht erst aufkommen zu lassen, sondern dass man die Probleme als gegeben hinnimmt und die Aufgabe als eine Anpassungs-Aufgabe stellt. » (G. Held [21])

Die Kritik am Klima-Alarmismus «*muss im Namen der Arbeit an der Klimafestigkeit erfolgen, die für jedes einzelne Land konstitutiv und Teil seiner Geschichte ist.* » [21]

Orienterungshilfe könnte auch ein Blick auf historische Erfahrungen in dem jüngst erschienen Buch [x14] von *N. Hannig* über *"Naturkatastrophen und Vorsorge seit 1800"* geben.

Auf lokaler Ebene sind die Freiwillige Feuerwehr und das THW (Technische Hilfswerk) zu nennen, die bereits negative Folgen des *abstrakten* Klimaparadigmas zu spüren bekommen, da immer weniger junge Leute zur *praktischen* Arbeit bereit sind [21] und stattdessen glauben, durch Teilnahme an FfF- und XR-Demonstrationen bereits viel zur Weltrettung zu "tun".

Die Natur ist wertneutral; sie kennt keine Katastrophen. Was wir Menschen als Naturkatastrophen bezeichnen, sind eigentlich **Kulturkatastrophen**, weil unser vermeintlicher Schutz vor äußeren Unbilden versagt. [1q2d]

In der ausführlichen Studie *Global Facility for Disaster Reduction and Recovery* [50] werden Ursachen für erhöhte Umweltrisiken und Maßnahmen zum Risiken-Management beschrieben. Ein Kapitel ist dem Thema **Resilienz** gewidmet, die Ausbildung von Widerstandfähigkeit gegen schwere Unglücksfälle. [50], S.68

Wir müssen nicht allein das Klima schützen, sondern uns vor ihm und zudem eine genügende Resilienz gegen uns zufallende und unverfügbare Ereignisse entwickeln.

Daß wir uns außerdem um Alternativen – und dazu gehört auch **Selbstbeschränkung und Abkehr von der extensiven Wachstums- und Verschwendungswirtschaft** – bemühen müssen, ist selbstverständlich.

H. v. Storch drückte es mit etwas anderen Worten aus [x25], S.80: «*es geht nicht um „Anpassung an den Klimawandel" oder „Vermeidung ...", sondern es geht um Anpassung und Vermeidung zugleich - unter gezielter Forcierung des technischen Fortschritts in internationaler Kooperation.*»

Im folgenden soll *Anpassung* als Überbegriff und *Vermeidung* auch als eine Art von Anpassung verstanden werden.

7.7 Anpassung/Vermeidung - Ökologisches Minimum

Die Leser, die bis hier geduldig durchgehalten haben, werden enttäuscht sein, wenn zum Schluß keinerlei Lösungsvorschläge, geschweige denn eine Patentlösung angeboten werden.

In den letzten Jahrzehnten sind immer wieder Konzepte entwickelt worden, sei es z.B. von *H. Gruhl* mit dem bahnbrechenden Werk *Der geplünderte Planet* [0a1] oder *E. F. Schumacher: Small is Beautiful* [x17] bzw. neuerdings *Niko Paech* mit dem Entwurf einer Postwachstumsgesellschaft [x16a].

Mit Bezug auf fundamentale Prinzipien der Ökologie läßt sich begründen [0a2], daß es keine *Lösung* im klassischen (gar mathematischen) Sinne geben kann, sondern allenfalls *Anpassungen*.

Einerseits ist eine "**harte Anpassung**" <u>populationsdynamisch-ökologisch</u> durch einen globalen ökologischen Kollaps (mit drastischer Schrumpfung der Weltbevölkerung) möglich, die auf natürliche Weise von außen erzwungen würde. Andererseits ist eine vergleichsweise "**weiche Anpassung**" <u>ökonomisch-zivilisatorisch</u> nicht nur prinzipiell denkbar, sondern ihre

115

Gestaltung wird unumgänglich sein; die ökonomische "weiche Anpassung" impliziert notwendigerweise Strategien zur *Vermeidung* weiterer Umweltschädigung und -zerstörung.
Da aber die politischen Gestaltungsmöglichkeiten enorm eingeschränkt sind, ist ein Übergewicht der erzwungenen harten Anpassungen zu befürchten.

Im folgenden soll nicht auf technologische Fortschrittsutopismen eingegangen werden, die sich auf die Möglichkeit quasi unbegrenzter Energiereserven durch eine revolutionäre neue Generation der Kernenergietechnik [3w] stützen und weiterhin einer Perpetuierung des wachstumsorientierten Wirtschaftsparadigmas anhängen.

Im Sinne einer an der Ökologie orientierten Ökonomie ist zu bedenken, daß für die Ökologie Regelungsprozessen unterworfene Stoffkreisläufe kennzeichnend sind, die vorübergehend stets zu temporären Homöostasen, d.h. Fließgleichgewichtszuständen tendieren. In diesem Sinne ist Ökologie konservativ, was sich auch in dem inzwischen inflationär benutzten Begriff *Nachhaltigkeit* widerspiegelt.

Diese ökologisch-konservative Sicht hat z.B. der Soziologe und Politologe *J. Schick* in einem Beitrag [22d] *"Das ökologische Minimum"* in fünf Leitpunkten recht treffend zusammengefaßt. Diese sollen hier zur Diskussion gestellt werden, ohne daß sie als eine letztgültige "Lösung" verstanden werden sollen:

1. Ablehnung des expansiven Industriesystems und Zurückweisung der ökonomischen und emanzipativen Verheißungen des Liberalismus; Einhegung des Mängelwesens "Mensch" in seine Schranken und Ende des zügellosen Wachstums.

2. Absage an das liberale "laisser faire". Stabile sozioökonomische Ordnungen stellen sich nicht durch eine "unsichtbare Hand" liberaler Theorien ein, sondern bedürfen der institutionellen Steuerung.

3. Übergang zu einer Phase "nachhaltiger Entwicklung" durch Regression auf allen Ebenen: Schrumpfung der Industrie und des Konsums, Abnahme der Bevölkerung, etc.

4. Konzept des Energiesystems: temporär als Mischsystem aus fossilen und erneuerbaren Erzeugern; langfristig, bei auf ein Minimum reduziertem Energiebedarf, ließe sich die Energieversorgung kleinteiliger und regionaler organisieren und wäre nur noch in geringem Maße von Großstrukturen abhängig.

5. "Verortung": die Verwurzelung an eine bestimmte Region, ist Fundament einer "nachhaltigen" Lebensart und –praxis.

Diese Leitpunkte bedürfen Erläuterungen:

zu 2: die Absage an ungezügelten Liberalismus darf nicht verwechselt werden mit Planwirtschaft und Staatsdirigismus;

zu 5: *Verortung* bedeutet, daß die Menschen, die mit ihrer unmittelbaren Umwelt verwurzelt und mit dieser vertraut sind auch Interesse an ihrer nachhaltigen Erhaltung haben. Dies kann weder von "integrierten" Immigranten, die aus einer anderen *Heimat* mit einer anderen Kultur stammen, noch von modernen "Anywheres", die sich überall auf der Welt und nirgendwo *zuhause* fühlen, erwartet werden.

Ein großes Problem für sich ist die "*Tragik der Allmende*" (*Garrett Hardin*) [0k] der globalen Gemeingüter der Menschheit: Weltmeere und Atmosphäre: "*Was gemeinsam besessen wird, wird gemeinsam vernachlässigt*" [x18] S.91f (zutreffender wäre: vermüllt und vergiftet!). Diese globalen Gemeingüter bedürfen allerdings internationaler Übereinkünfte und Regularien.

Auf welche Weise und mit welchem System die ökologischen Leitpunkte umzusetzen sind, ist eine offene Frage.

Die "*Große Transformation*" [18] ist, trotz aller euphemistischen Rhetorik von "Teilhabe" etc., letztlich staatsdirigistisch bzw. zielt auf eine "Global Governance". Ebenso der im Rahmen der Coronakrise vom Weltwirtschaftsforum (WEF) diskutierte "*Great Reset*" (Neustart). [70]-[71b] ; [61]-[63]

Die *"Postwachstumsgesellschaft"* [x16a], [x25k] neigt ihrerseits zu planwirtschaftlicher Steuerung und hat diktatorische Tendenzen (s.a. Kap.4.7) .

Eine Alternative wäre die Vorstellung einer Erweiterung der Sozialen Marktwrtschaft im Sinne von *Ludwig Erhard*, ergänzt um ökologische Grundsätze [x25] – konkreter noch im Modell einer "werteorientierten Marktwirtschaft" (*Grassmann* [x39]).

Müßig zu spekulieren, welche der Wirtschafts- und Gesellschaftsmodelle geeignet, wenn nicht optimal, wäre. Der Gang der Geschichte wird leider nicht von kompetenten Subjekten gesteuert, die der Komplexität der Probleme gewachsen und die einer langfristig orientierten Verantwortungsethik (schwere Kollateralschäden und späte Folgen bedenkend) verpflichtet sind, wie schon die "Energiewende" oder der Umgang mit der Corona-Krise – Staatsversagen[73] – allzu deutlich gezeigt haben.

- Exkurs 3: "klimaeffizient" statt "klimaneutral" ?

Die folgenden Überlegungen basieren auf einem Beitrag des philosophischen Autors *M. Schmidt-Salomon*[35] mit dem Titel [x27] *"Klimawandel aus der Sicht des Evolutionären Humanismus"*, der sich auf einen Artikel [x28] im Fachmagazin "*Nature*" bezieht:

Glücklicherweise leben wir in einem *Interglazial*, das heißt: in einer gemäßigten Warmzeit innerhalb einer Eiszeit. Das gegenwärtige Interglazial, *Holozän*, auf das die menschliche Zivilisation angepaßt ist, begann vor etwa 12.000 Jahren. Derartige Warmzeiten innerhalb eines Eiszeitalters hatten in der jüngeren Vergangenheit nur eine Dauer von etwa 10.000 bis 15.000 Jahren. Demnach wäre in absehbarer Zeit wieder mit einer unangenehmen Kaltzeit zu rechnen.

---

[35] Vorstandssprecher der Giordano-Bruno-Stiftung u. Vertreter der sich konsequent auf naturwissenschaftliche Grundlagen stützenden Ethik: https://www.giordano-bruno-stiftung.de/buecher/manifest-des-evolutionaeren-humanismus

Wie wir bereits gesehen haben, ist der menschliche Beitrag zum Kohlendioxidgehalt in der Atmosphäre nicht *per se* als "klimaschädlich" zu verteufeln. Dies bekommt nun durch die bemerkenswerte Studie [x28] eine überraschende [#] Unterstützung:

«Dem menschlichen Einfluss [##] ist es .. zu verdanken, dass das Holozän ein außergewöhnlich lang andauerndes Interglazial werden könnte – es sei denn, wir kriegen unsere Treibhausgasemissionen nicht in den Griff. Denn dann könnte aus der interglazialen Warmzeit ein echtes Warmzeitalter werden ... ohne Eis an den Polen. Zwar würde die menschliche Zivilisation in einer solchen Warmzeit vermutlich sehr viel eher noch überleben können als in einer glazialen Kaltzeit, doch die ökologischen, sozialen und kulturellen Verwerfungen, die im Übergang vom Eiszeitalter zum Warmzeitalter stattfinden würden, hätten gewaltige Ausmaße» (*Schmidt-Salomon* [x27]) – von den gewaltigen Ausmaßen in einer glazialen Kaltzeit gar nicht zu sprechen.

Es kommt demnach entscheidend darauf an, die ökologischen Wechselwirkungen zu verstehen, die unser Überleben garantieren. «Wir Menschen müssen uns den Wandlungsprozessen der Erde anpassen bzw. – sofern möglich – alles Erdenkliche tun, um zu verhindern, dass diese Wandlungsprozesse unsere angestammte ökologische Nische zerstören. Deshalb auch ist *"Klimaneutralität"* bei genauerer Betrachtung kein sonderlich kluges Konzept, denn wären wir wirklich "klimaneutral" (im eigentlichen Sinne des Wortes), würden wir irgendwann unweigerlich auf eine neue Kaltzeit zusteuern. Statt *"klimaneutral"* zu sein, kommt es also darauf an, auf intelligente Weise *"klimaeffektiv"* zu sein, um die für uns (und auch für andere empfindungsfähige Tiere) angenehme ökologische Nische des Interglazials zu erhalten, was im "natürlichen Bauplan" der Erde leider überhaupt nicht vorgesehen ist. .» [x27]

[#] diese (2016) stammt vom PIK (Potsdam Institut für Klimafolgenforschung); einer der Koautoren ist interessanterweise Prof. Schellnhuber, wodurch dessen sonst öffentlich verkündete Klimaapokalyptik merklich relativiert wird;
[##] durch den CO_2-Eintrag in die Atmosphäre (EPR)

- Exkurs 4: Konzept des "positiven Fußabdrucks"

Aus diesem Grund sollten wir uns nicht allein darauf konzentrieren, den "negativen Fußabdruck der Menschheit" zu reduzieren (aus der Sicht des Menschen als "Schädling"). Dem stellt die *C2C-Denkschule* [36] ein positives Bild des Menschen als durch seine Intelligenz und Innovationsfähigkeit potentiellem "Nützling" entgegen, mit dem langfristigen Ziel, den "positiven Fußabdruck der Menschheit" zu erhöhen.

Einen "positiven Fußabdruck" würden z.B. Kraftwerke liefern, bei denen s1 sauberes Wasser heraus- als hineinkommt.

Das C2C-Konzept orientiert sich an der Ökologie: z.B. haben die Ameisen, deren gesamte Biomasse viermal so groß wie die der Menschheit ist, in der Evolution ein ideal-nachhaltiges "Wirtschaftssystem" entwickelt, in dem es keinen Müll gibt, sondern alles in den Wiederverwertungskreislauf zurückgeführt wird.

Nach dem C2C-Konzept sind bei der Menschheit zwei Kreisläufe zu unterscheiden: der *biologische Kreislauf der <u>Verbrauchsgüter</u>* und der *technische Kreislauf der <u>Gebrauchsgüter</u>*. Ziel ist es, daß grundsätzlich keine nutzlosen Abfälle erzeugt werden. Das heißt: die Abfallprodukte der Nährstoffe in den biologischen Stoffwechselprozessen sind wieder Nährstoffe (z.B. Fäkalien als Dünger) – und die Verschleißprodukte in den technischen Kreisläufen werden komplett wiederverwertet bzw. in den biologischen Kreislauf zurückgeführt (z.B. Reifen aus biologisch abbaubarem Material). Es gibt bereits eine Reihe von Unternehmen, die dieses gemeinsame Ziel unterstützen. [x29]

Diese konsequente Philosophie ist als **Leitbild** vielversprechend, auch wenn die Verwirklichung nur annähernd gelingen kann und die Möglichkeit eines ausschließlich nur "positiven Fußabdrucks" durch das Entropiegesetz der Physik grundsätzlich limitiert ist.

---

[36] *C2C* = "cradle-to-cradle" (von der Wiege wieder zur Wiege) im Gegensatz zum bisherigen "cradle-to-grave"-Wirtschaften (von der Wiege zum Müll-Grab) [x29]

Anhang

A1. Begriffsbestimmungen

Im folgenden werden vier Abkürzungen eingeführt:

"CO₂-These" soll bedeuten, daß eine *erhöhte CO₂-Konzentration* in der Atmosphäre schädlich sei; drastisch ausgedrückt: CO_2 sei ein "Klimakiller".

"Erwärmungs-These" soll bedeuten, daß eine Erhöhung der weltweiten CO_2-Konzentration der Atmosphäre zu einer schädlichen *Klimaerwärmung* führe, die sich durch eine Zunahme von Extremwetterereignissen, wie Hurrikanen, Überschwemmungen, abschmelzenden Gletschern und Polen, steigenden Meeresspiegeln, usw. äußere und schließlich zur Zerstörung der Lebensbedingungen für Menschen, Tier und Pflanzen führen könne.

"Anthropogene These" soll bedeuten, daß das Treiben der Menschen durch massive Emission von CO_2 von fossilen Brennstoffen die Hauptursache für die gefährliche Klimaerwärmung sei, kurz: die Klimakrise sei menschen-gemacht.

"Klimaparadigma" (auch: *"ACC "= Anthropogenic Global Warming*) soll die Kombination der " CO_2-These" mit der "Erwärmungs-These" und der "anthropogenen These" bezeichnen zusammen mit der Behauptung, daß alle Anstrengungen ergriffen werden sollten, die Klimaerwärmung auf einen kritischen Wert zu begrenzen, um eine Klimakatastrophe zu verhindern.

Genauer genommen ist das hier definierte *Klimaparadigma* das *"strikte Klimaparadigma"*, gegen welches das später eingeführte *"offene Klimaparadigma"* abzugrenzen ist.

Das (strikte) Klimaparadigma steht und fällt mit jeder der drei Thesen.

A2. Sachliche Argumente für und wider das Klimaparadigma

Argumente zur "CO₂-These"

A2.1. CO_2: Gift?

a) CO_2 ist ein Spurengas (mit einem Anteil von nur etwa 0,04 % = 400 ppm in der Luft), das für die Pflanzenwelt durch die **Photosythese** essentiell ist und ohne welches es auf unserer Erde kein Leben, wie wir es kennen, weder uns, noch Pflanzen und Tiere und Nahrungsmittel gäbe.

Daß ein so lebenswichtiger Stoff auf einmal ein *Giftgas* sein soll, erscheint paradox.

b) Wir atmen etwa 0.8 kg CO_2 pro Tag [x11] S.248 stoffwechselbedingt mit einer Konzentration von 4% aus, also der hundertfachen Konzentration des in der Atemluft spurenhaft vorhandenen CO_2. Sämtliche über 7,5 Mrd. Menschen auf der Erde scheiden demnach über 2 Mrd. Tonnen im Jahr aus, das sind etwa 6% des gesamtem **anthropogenen CO_2-Ausstoß**es von 35 Mrd. Tonnen.

c) **Die größten CO_2-Emittenten** sind China, USA, Indien mit ca. 30, 15 bzw. 6% von 35 Giga-tonnen; der Anteil der Bundesrepublik ist 2,3%.

d) Eine grobe Abschätzung der CO_2-Emissionen durch den **Autoverkehr**: legt man die für 2010 weltweit geschätzten 1 Mrd. Pkws zugrunde [24d], durchschnittlichen CO_2-Ausstoß von ca. 20 kg je 100 km und eine jährliche Fahrleistung von 10.000 km, dann kommt man auf ca. 2 Mrd. Tonnen im Jahr. Auch wenn diese Abschätzung um den Faktor 2 nach oben oder unten ungenau ist, liegt demnach die CO_2-Emission durch sämtliche PKWs in der gleichen Größenordnung wie die durch die Atmung aller Menschen verursachte.

e) Die Aufgabe von **Fahrzeugkatalysatoren** ist es, Verbrennungsschadstoffe wie Stickoxide, Kohlenwasserstoffe und Kohlenstoffmonoxid CO durch Oxidation bzw. Reduktion in die "ungiftigen" Stoffe Kohlenstoffdioxid CO_2, Stickstoff N_2 und Wasser H_2O umzuwandeln; somit sind *Kfz-Katalysatoren staatlich verordnete CO_2-Produzenten.* [3f] Folie 5

f) Wann wird CO_2 gefährlich? Ein Gehalt unter 0,15 Prozent CO_2 ist der Richtwert für frische Luft in Innenräumen. Bis zu 2,5 Prozent sind unschädlich, vier bis fünf Prozent wirken betäubend, 8 bis 15 Prozent können tödlich sein. D.h. erst etwa das Hundertfache des natürlichen CO_2-Anteils in der Atemluft ist bedenklich. –

Eine Suizid-Methode besteht darin, einen Plastiksack über den Kopf zu ziehen und um den Hals möglichst gut abzudichten; der Tod tritt durch zunehmende Anoxämie und CO_2-Anreicherung ein.

g) *Wachstum* und Ertrag von Pflanzen nimmt mit der CO_2-Konzentration im Bereich zwischen 200 und 800 ppm deutlich zu [6i2] Abb.4; [3f] Folie 7 , je nach Photosynthese Typ C3 (stärker) oder C4 (schwächer); unterhalb 200 ppm nimmt die Photosynthese stark ab.

h) Es ist eine bewährte Methode in kommerziellen Gewächshäusern, zwecks *Ertragsförderung* künstlich CO_2 zuzuleiten. CO_2-Konzentrationen oberhalb 700 ppm gelten als optimal, bei Weizen wurde mit einer Verdopplung der CO_2-Konzentration eine Ertragssteigerung um durchschnittlich 35% erziehlt [3f] Folien 10-12.

j) Es gab *Zeitalter mit wesentlich höherer CO_2-Konzentration* als heute.
Vor 100 bis 250 Millionen Jahren lag der CO_2-Gehalt deutlich über 1000 ppm. Es war die Zeit der Dinosaurier mit wärmeren Temperaturen als heute. [5-0b]
In den letzten 65 Millionen Jahren, dem Känozoikum (Erdneuzeit), hat der Kohlendioxidgehalt der Atmosphäre dann die Entwicklung genommen, die zu den heutigen Klimaverhältnissen führte. In den ersten 30 Millionen Jahren lag er bei etwa 1000 ppm, wobei er um 50 Millionen Jahre vor heute sogar den Wert von 1500 ppm überschritt. [5-0b] Damals herrschte tropisches Klima und z.B. in Paris war es durch-

schnittlich ca. 12 Grad wärmer als heute [x21] S.72. Der Hauptgrund für die Änderungen des CO_2-Gehaltes im Känozoikum wird in tektonischen Bewegungen der afrikanischen und indischen Platte gesehen. Sie haben zunächst zu den starken Gebirgs-auffaltungen der Alpen und des Himalaya und damit zu intensiver vulkanischer Aktivität geführt. [5-0b]

Im Silur, im Devon und auch noch im frühesten Karbon, den erdgeschichtlichen Epochen der stammesgeschichtlichen Entwicklung zu größeren Landpflanzen - noch im Devon erreichten Pflanzen Baumgröße - war die CO_2-Konzentration in der Atmosphäre ungefähr zehnmal höher als heute (3000 bis 5000 ppm = 0,5 Vol%). Üppigstes Pflanzenwachstum hat danach (im späten Devon und im Karbon) die CO_2-Konzentration bis zum Beginn des Perm auf etwa 300 ppm reduziert. Nach dem Perm stieg die Kohlendioxid-Konzentration erneut auf das Vierfache des heutigen Wertes, also auf ungefähr 1200 ppm (mit gedeihlichem Pflanzen- und Tierleben), um sich dann bis zur Eiszeit des Quartär auf ungefähr 200 ppm einzupendeln. [1s]

Im Erdzeitalter des Karbon war der CO_2-Gehalt durchschnittlich 800 ppm (also doppelt so hoch wie hier und heute), welches sich durch üppige Vegetation ausgezeichnet hat, worauf zum großen Teil unsere fossilen Kohle- und Öl-ressourcen zurückzuführen sind.

k) *CO_2 folgt der Temperatur*:

Eine genaue Analyse der historischen Verlaufskurven für die Klimatemperatur und die CO_2-Konzentration zeigt, daß die letztere der ersteren um Jahre bis Jahrhunderte nachhinkt. Dies wird von Kritikern als Widerspruch zu der Behauptung der CO_2-These gesehen, was bedeute, daß CO_2-Konzentrations-änderungen nicht die kausale Ursache für Klimatemperatur-änderungen seien, und vielmehr der umgekehrte Schluß nahe-liege [3s]. Eine Erklärung ergibt sich aus der Tatsache, daß Wasser bei tieferen Temperaturen CO_2 aufnimmt, bei höheren abgibt. – Befürworter der gängigen CO_2-These geben zwar zu, daß die kurzfristigen Temperaturanstiege nicht durch CO_2 verursacht sein konnte, vertreten aber die Hypothese einer folgenden und sich gegenseitig verstärkenden Rückkopplung zwischen Temperatur und CO_2, wobei sie sich auf den Treibhauseffekt als einen (angeblich) durch die Physik bewiesenen Effekt stützen [3r] . Dieser wird allerdings – ebenfalls auf die Physik gestützt – in Zweifel gezogen, siehe nächsten Abschnitt.

Argumente zur "Erwärmungs-These"

A2.2 *Kontroverse um Treibhausffekt und Klimasensitivität*

a)"Falsifizierung der atmosphärischen CO_2- Treibhauseffekte im Rahmen der Physik" ist der Titel einer von *Prof. G. Gerlich* (mathematische Physik in der TU Braunschweig) und Koautor *Dr. Tscheuschner* (Physiker) erarbeiteten Studie [1b] (130 S.), deutsche Fassung einer englischsprachigen Fachzeitschrift-Veröffentlichung [1b1],[1b2]. Das gängige Treibhauseffekt-Erklärungsmodell ist zu einfach, da die Atmosphäre kein geschlossenes Gefäß wie ein Treibhaus oder ein Automobil mit behinderter Konvektion ist. Diese kontrovers diskutierte [37] Studie könnte das strikte Klimaparadigma zum Wanken bringen, wenn sie nicht den Nachteil hätte, Physikkenntisse vorauszusetzen, die in der Regel sowohl dem Normalbürger als auch den Politikern fehlen, und daher kaum breitenwirksam vermittelbar ist. Wir werden uns daher nicht darauf abstützen.

b) *CO_2-Klimasensitivität*

Eine sehr instruktive Darstellung des folgenden ist der Vortrag des Meteorologen *K. E. Puls* [4-1] . Als CO_2-*Klimasensitivität* wird die mittlere globale Temperaturerhöhung bei Verdoppelung der CO_2-Konzentration (aktuell von ca. 0.04% = 400 ppm auf 800 ppm) definiert und setzt somit die Existenz eines CO_2-bedingten Treibhauseffekts voraus. Es besteht Einig-

---

[37] im Blog [1b3] des Physikers *G. Hoffmann* von der Universität Utrecht wird die Studie in über 1400 (sic!) Kommentaren heiß diskutiert und z.T. sehr polemisch "zerrissen" – allerdings ragt unter den Kommentatoren der damals (2009) in Fairbanks/Alaska tätige Meteorologe und Physiker *Prof. G. Kramm* durch die profundesten Sachkenntnisse heraus, auf deren Basis er die Argumente von *Gerlich* et al. aus Sicht der theoretischen Physik i.w. als richtig bestätigen kann (siehe Kommentare #38 – 40, #55, ff. in [1b3]); und die Anfeindungen gegen *Gerlich* et al. durch den arroganten Blogbetreiber hält er für verleumderisch.

keit unter den Klimatologen, einschließlich des IPCC, darüber, daß diese Klimasensitivität ca. 1,2 Grad Celsius beträgt und daß der Effekt sich nicht linear, sondern logarithmisch verhält, d. h. bei jeder weiteren CO_2-Konzentrationsverdoppelung erhöht sich die Temperatur nur um weitere 1,2 Grad. Dies sieht nicht sehr dramatisch aus und das umso weniger, als bei Extrapolation dieses Effekts auf die hypothetische Situation einer vorwiegend nur aus CO_2 bestehenden Atmosphäre lediglich mit einer Temperaturerhöhung von insgesamt ca. 13 Grad zu rechnen wäre.

Schätzungsweise müßten wir sämtliche kohlenstoffhaltigen fossilen Brennstoffe verbrennen, um die CO_2-Konzentration auf 800 ppm zu erhöhen und hätten dann nur mit einer Temperaturerhöhung um ca. 1,2 Grad zu rechnen. Wie kommen nun aber die Warnungen zustande, daß bis Ende des Jahrhunderts die Temperatur sich im Bereich zwischen 1,5 und 4,5 Grad erhöhen könnte?

Das dominierende Treibhausgas ist der reichlich vorhandene Wasserdampf, und nicht das Spurengas CO_2. Grundlage für die alarmierendere Klimaerwärmung sind Klimamodelle und Simulationsrechnungen, die Rückkopplungen zwischen den Klimagasen Wasserdampf und CO_2 beinhalten. Es gibt aber zwei mögliche Rückkopplungen: a) eine positive Rückkopplung dadurch, daß wärmere Luft mehr Wasser aufnehmen kann, wodurch der Treibhauseffekt verstärkt wird, oder b) eine negative Rückkopplung dadurch, daß sich mehr Wolken bilden, die dann beim Abregnen zu einer Abkühlung führen. In den Klimamodellen ist allerdings nur die positive Rückkopplung vorgesehen, die zu einer Verstärkung der CO_2-Klimasensitivität führt.

Dem stehen aber die Ergebnisse von Messungen mit Radiosonden in der Troposphäre [4-1] Min.22:20 und von Satelliten in der Stratosphäre [4-1] Min.23:50 entgegen, die ergaben, daß die Wasserdampfkonzentration abgenommen hat und somit auf eine negative Rückkopplung schließen läßt. Dadurch würde übrigens der weitgehende Stillstand der Klimaerwärmung ab der Jahrtausendwende plausibel. Bei Berücksichtigung dieser empirisch bestätigten negativen Wasserdampfrückkopplung würde sich eine CO_2-Klimasensitivität, d.h. bei Verdoppelung der CO_2-Konzentration auf 800 ppm, entsprechend nur einer Temperaturerhöhung von weniger als 1 Grad ergeben, und nicht von 1,5 bis 4,5 Grad, wie die Klimamodelle, die nur mit einer (nun empirisch widerlegten) positiven Rückkopplung rechnen.

Die finnischen Forscher *Kauppinen & Malmi* [1d] konnten vor kurzem nachweisen, daß die globale Temperatur im großen Maße von dem Bedeckungsgrad niedriger Wolken (ein von den Modellen des IPCC vernachlässigter Effekt) gesteuert wird und weniger vom CO_2 , dessen Klimasensitivität sie auf nur 0.24 Grad und damit um eine Größenordnung niedriger als der IPCC veranschlagen.

Argumente zur "anthropogenen These"

A2.3 ***Der Streit über die Hockeyschläger-Kurve und frühere Warmzeiten***

a) zu Michael Mann und die "Hockeyschläger-Kurve"
Diese Kurve ist seit der Veröffentlichung 1998 durch *Dr. Michael Mann*, der gerade ein Jahr zuvor promoviert hatte, zusammen mit Koautoren *Bradley* und *Hughes* [9] (im Schrifttum oft als "MBH98" abgekürzt) zu einer tragenden Stütze des Klimaparadigmas [9d] geworden.
Ergänzend zu Kap. 2.3: Die Erwärmung im 20. Jahrhundert ist keineswegs exzeptionell, sondern die Temperatur in der Mittelalterlichen Warmzeit (MAW) war ebenso hoch oder sogar höher [9e],[9f]. Die Debatte ging weiter[9c] und, mit der Rolle des IPCC dabei, «gleicht eher einem Krimi .. als der bloßen Kollision zweier wissenschaftlicher Interpretationen» [3m]
Die Affäre um *M. Mann* ist umfangreich dokumentiert und kommentiert: gut recherchierte Artikel von *A. Wendt* [9k1],[9k2] und *R. Letsch* [9c2], ein Buch mit dem Titel "*A disgrace to the Profession*" von *M. Steyn* [9m], [9m1] , u.a. Die wissenschaftliche Auseinandersetzung führten *McIntyre & McKitrick* [9a] und die mathematischen Statistiker *McShane & Wyner* [1y1], [1y2]. Es kam der Verdacht auf Datenmanipulationen auf, und die mathematisch korrekte Verarbeitung führte dazu, daß sich die MAW und die "kleine Eiszeit" wieder deutlicher und der Anstieg im 20. Jh. weniger dramatisch in den Ergebnissen zeigten.

Einen letzten und schweren Schlag hat (inzwischen) *Prof. Mann* durch ein jüngst erteiltes Gerichtsurteil erlitten. In dem seit 2011 laufenden Prozess führte *Mann* eine Verleumdungsklage gegen den Klimaforscher und emeritierten Geographieprofessor *Dr. Tim Ball*, der ihn der Datenmanipulation und des Betrugs bezichtigt hatte. Nach mehreren Instanzen verlangte das Oberste Gericht von *Mann* die Herausgabe der Unterlagen, die zum Ergebnis der Hockeyschlägerkurve geführt hatten. Nachdem er die Herausgabe mehrfach verweigert hat, wurde er zur Übernahme der Gerichtskosten und Anwaltskosten des Gegners in der Höhe von insgesamt ca. 2 Mill. Dollar verurteilt [9c1],[9c2]. *Prof. Mann* geht in Revision und wird kaum auf den Kosten sitzen bleiben, denn er wird sich nicht nur auf den *Climate Science Defend Fund* [9g], sondern angesichts der immensen Bedeutung der Hockeyschlägerkurve für die Klimapolitik höchstwahrscheinlich auch auf anonym bleibende Geldgeber stützen können.

b) Die <u>Rekonstruktion der mittleren Temperatur in den letzten 1000 bis 2000 Jahren</u> auf der Nordhalbkugel und die Hintergründe der fragwürdigen Hockeystickkurve sind in der Ausarbeitung[1q3] von *Dr. Kehl*, TU Berlin, sehr ausführlich behandelt.

c) <u>Der Temperaturverlauf der letzten 11000 Jahre</u> (mittlere bodennahe Temperatur auf der Nordhalbkugel) [1q1] Abb. A2-12/01 zeigt etwa gleichhohe Werte wie heute in der Mittelalterlichen Warmzeit und der Römischen Warmzeit (vor etwa 2000 Jahren) und sogar etwas höhere Temperaturen während der "holozänischen Optima" des Atlantikums (um 6500 bzw. 4500 vor heute). In der Zeit dieser Optima waren die Gletscher weniger ausgedehnt und lag die Schneegrenze in den Alpen um 200 bis 300 m höher als heute.

d) <u>Der Temperaturverlauf in 600 Mio. Jahren Erdgeschichte</u>: Warmzeiten mit mittleren Erdtemperaturen von 22 Grad und Eiszeitaltern von 12 Grad Celsius wechselten ab; Dauer der Eiszeitalter 50 – 65 Mio. Jahre mit einem Abstand von ca. 150 Mio Jahren [1q] Abb.A2-2. Im Vergleich zur aktuellen mittleren Globaltemperatur von ca. 15° C war die Erde über den größten

Zeitraum etwa 7 Grad wärmer und in Kaltzeiten um etwa 3 Grad kälter als heute.

A2.4 *Der anthropogene Anteil*

In der Zusammenfassung für Politiker im 5. Klimazustandsbericht des IPCC von 2013 hieß es: «*Es ist äußerst wahrscheinlich, dass mehr als die Hälfte des beobachteten Anstiegs der mittleren globalen Erdoberflächentemperatur von 1951 bis 2010 durch den anthropogenen Anstieg der Treibhausgaskonzentrationen zusammen mit anderen anthropogenen Antrieben verursacht wurde.*» Das heißt aber umgekehrt, daß sehr wahrscheinlich weniger als die Hälfte des Anstiegs natürliche Ursachen habe. Im Sonderbericht zum 1,5-Grad-Ziel von 2018 hingegen schreibt der IPCC ohne weitere Begründung, daß «*die Erwärmung zu 100 Prozent menschengemacht*» sei [x25] S.76. Eine Studie (*Tung & Zhou* [1z]) u.a. hat ergeben, daß der anthropogene Anteil bisher, insbes. von *Rahmstorf*, um den Faktor 2 überschätzt worden ist und 40 – 50% der Erwärmung der letzten Jahrzehnte auf Ozeanzyklen (AMO) zurückgehen [x25] S.76.

A2.5 *Fazit*

Die Klimamodelle des IPCC liefern Schätzungen zwischen 1,5 und 4,5 Grad Klimaerwärmung bis Ende des Jahrhunderts, d. h. sie haben einen Unsicherheitsbereich um den Faktor 3. Wenn nun die Hälfte bis ein Drittel davon natürliche Ursachen hat, dann reduziert sich der menschengemachte Anteil auf zwischen 1 und 3 Grad oder darunter. Wenn außerdem die CO_2-Klimasensitivität auf Grund negativer statt positiver Rückkopplungen um den Faktor 2 bis 3 geringer ist, als seitens der IPCC-Modelle angenommen, dann reduziert sich die zu erwartende *anthropogene* Erwärmung – und nur diese wäre durch "Klimapolitik" beeinflußbar – im Mittel weiter auf etwa 1 Grad oder weniger. Das ist eine Größenordnung, die einerseits durch wissenschaftliche Studien begründet werden kann und andererseits keinen Anlaß zu überstürztem Alarmismus gibt.

B. Wissenschaftstheoretische Argumente
Erkenntnistheoretischer Status des Klimaparadigmas

Zur Überprüfung der Wissenschaftlichkeit ist die allgemeinverständliche Charakterisierung etwa durch den stark naturwissenschaftlich orientierten Philosophen *Mario Bunge* nützlich [0f].

Es bestehen begründete Zweifel, ob das "Klimaparadigma" den Kriterien der Wissenschaftstheorie und Erkenntnistheorie für eine als wissenschaftlich anzusehende Theorie genügt.

B1. Die These, der gegenwärtige Klimawandel sei primär anthropogen verursacht, wäre nicht schon dann "wissenschaftlich bewiesen", wenn ein mehrheitlicher **Konsens** unter "Wissenschaftlern" bestünde. Konsens ist kein naturwissenschaftliches Wahrheitskriterium.

B2. Grundsätzliche Geltungskriterien für eine Theorie sind innere und äußere **Konsistenz**, d.h. sie darf in sich keine Widersprüche enthalten und sie muß sich in das bisher gültige System naturwissenschaftlichen Wissens widerspruchsfrei einfügen lassen. Wie im Kapitel 2 nachgewiesen, enthält das "Klimaparadigma" innere Widersprüche, ist also nicht konsistent.

B3. Selbst wenn es gelänge, die Inkonsistenzen zu eliminieren, würde das "Klimaparadigma" das Wissenschaftlichkeitskriterium der prinzipiellen **Falsifizierbarkeit** nicht erfüllen. Selbst wenn man die Treibhausgase auf Null reduzieren könnte, dann wären – wie auch das Ergebnis ausfiele – natürliche Ursachen immer noch nicht ausgeschlossen. In der Klimadebatte liegen keine kontradiktorischen Erklärungsalternativen vor. Daher besteht die Gefahr der Dogmabildung für die eine oder andere Theorie (s. a. wissenschaftheoretische Ausführungen von *Prof. H. Bouillon* [25] S.90).

B4. Unzureichende **Validierung** und **Prognosefähigkeit**: eine Theorie und darauf fußende Rechenmodelle müssen, damit sie nicht "im luftleeren Raum hängen", an der Wirklichkeit getestet, also mit Messungen verglichen und damit validiert werden. Die gängigen Klimamodelle sind zwar so "kalibriert", daß sie den Temperaturanstieg zwischen den 1970er und 1990er Jahren gut nachbilden, sie versagten aber im Zeitraum ab dem Jahr 2000, da sie den trotz steigender CO_2-Emissionen auftretenden Hiatus der Temperatur nicht berechnen konnten. Ähnlich ist es mit der Vergangenheit, der Zeit vor dem 2. Weltkrieg. Im übrigen lagen die zukünftigen "Projektionen" (von *Prognosen* wagt der IPCC schon nicht mehr zu sprechen) bezüglich des Globaltemperaturanstiegs in der Regel um den Faktor 2 zu hoch.

B5. Bei dem Klimaparadigma liegt ein doppelter **Reduktionismus** vor: zum einen die Reduktion der prioren Weltprobleme auf das Klima, zum andern die Reduktion des Klimas auf das CO_2. Dies ist eine **grobe Simplifikation**, bei der ein überaus komplexes Geschehen mit einer riesigen Zahl von Einflußgrößen und z.T. noch nicht einmal ganz geklärten Wechselwirkungen extrem vereinfachend auf i.w. nur einen einzigen Parameter, die CO_2-Konzentration, reduziert wird. Eine derart grobe Simplifizierung wird der Komplexität des globalen Wettergeschehens, das dem Klima zugrundeliegt, auf keine Weise gerecht.

B6. Herrschaftsfreier Diskurs, unvoreingenommene und **ergebnisoffene Diskussion** über verschiedene Beobachtungen und Erklärungsmodelle, aus denen schließlich konsistente Theorien entwickelt werden können, sind die Grundvoraussetzungen für Erkenntnisgewinnung in der Praxis der Naturwissenschaften. Diese Grundvoraussetzungen werden beim Klimaparadigma gröblichst mißachtet. Darauf wurde im Kap. 3 ausführlicher eingegangen.

B7. So wie die Klimadebatte öffentlich geführt wird, besteht der Verdacht eines **Zirkelschlusses** vom Typ *petitio principii.* Das heißt: was erst zu beweisen wäre, wird bereits vorausgesetzt. Definitionsgemäß gelten Extremwetterereignisse wie Hurrikane, Überschwemmungen, sehr heiße Sommer, sehr kalte Winter als Indikatoren für den Klimawandel. Dies ist richtig, aber trivial. Die logische "Beweis"figur impliziert aber die Gleichsetzung von *Klimawandel* mit *anthropogenem Klimawandel.* Somit werden Extremwetterereignisse als "Beweis" für menschenverursachten Klimawandel in Geltung gebracht. An den Klimamodellen des IPCC wird mehrfach im Schrifttum zirkuläre Argumentation kritisiert [12a], [x15b] S.175f.

B8. Daß es sich beim Klimaparadigma nicht mehr um "normale" Wissenschaft (im Sinne des Wissenschaftshistorikers *T. Kuhn* [0g]) , bei der es um Wissensgewinnung geht, handelt, sondern um ***"post-normale Wissenschaft"***, bei der die Wissenschaft politischen und moralischen Zielen untergeordnet ist, wird von Vertretern des Klimaparadigmas selbst zugegeben [7].

B9. offenes vs. striktes Klimaparadigma

Das "*offene Klimaparadigma*" soll sich in folgenden Punkten von dem bisher behandelten "strikten Klimaparadigma" unterscheiden:

Es streitet zwar einen menschenverursachten Klimaeinfluß nicht ab, bewertet diesen aber auf Grund des quantitativen Anteils nicht dogmatisch von vornherein als dominierend gegenüber dem natürlichen Anteil. Insbesondere legt es sich nicht auf ein monokausales Erklärungsmodell basierend auf Kohlenstoffdioxid fest, sondern ist offen für die unvoreingenommene Berücksichtigung auch anderer Einflußphänomene.

Umweltschutzmaßnahmen generell, wie auch die Reduzierung von Emissionen, werden grundsätzlich befürwortet, aber nicht einem abstrakten "Klimaschutz" untergeordnet. In diesem Sinne bleibt das *offene Klimaparadigma* einerseits in sich konsistent und wissenschaftlich solide, gibt andererseits aber keinen Anlaß für klimabedingte Katastrophenstimmungen und sieht die Notwendigkeit von Umweltschutz mehr pragmatisch als ideologisch.

C. Sonstige schwerwiegende Probleme

Im folgenden greifen wir das Abfallproblem, speziell die Vermüllung der Meere durch Plastik, die massenhafte Ausrottung von Tier- und Pflanzenarten sowie die Zerstörung von Ökosystemen, insbesondere der Regenwälder, die Landwirtschaft und den Massentourismus heraus.

C1. *Abfallkrise*

An gewerblichen Abfällen, Industrieabfall und Haushaltsmüll entstehen 200 Millionen Tonnen jährlich in Deutschland, an Haushaltsmüll allein 40 Mio. Tonnen [31h2], davon etwa 5 Mio. Tonnen Plastikmüll. Um sich eine Vorstellung über das Ausmaß zu machen: würde man den gesamten Haushaltsmüll auf eine Dichte von einer Tonne pro Kubikmeter (ähnlich Wasser) komprimieren, dann ergäbe die jährliche Abfallmenge einen pyramidenförmigen Berg von einem Quadratkilometer Grundfläche und etwa 120 Meter Höhe, entsprechend dem Volumen von über 15 Cheops-Pyramiden. Das deutsche Pro-Kopf-Aufkommen von Haushaltsmüll ist etwa eine halbe Tonne jährlich [31h1]. Die Recyclingrate ist allerdings nicht 80%, wie behördlicherseits beschönigend verlautbart wird, sondern realistisch nur etwa 30 bis 40 Prozent [31h2].

Von der Optimierung der Abfallhierarchie: Vermeidung – Wiederverwendung – Recycling – Verbrennung – Deponie sind wir noch weit entfernt.

Sehr problematisch muß angesehen werden, daß große Mengen Plastikmüll in Containerschiffen nach Ostasien (vor 2018 China, später hauptsächlich Malaysia, Thailand, Vietnam) "externalisiert" werden und Elektromüll nach Afrika. Wir bezahlen ärmere Länder dafür, daß sie unseren Müll nehmen, mit dem sie noch mehr als wir überfordert sind – und wer garantiert, daß unser Müll nicht wieder im Meer landet?

China, Indien, Indonesien, u.a. [31a] zählen zu den größten Umweltverschmutzern durch Müll, der in großen Mengen durch die Flüsse ins Meer gelangt.

14 von 20 der am stärksten umweltbelasteten Städte der Erde liegen in Indien [45], siehe etwa die Berichte "*In Indien ist alles vergiftet*" [45a] und über Bangladesh [45c].

C2. *Raubbau und Vermüllung der Meere* [31]-[31d2]

Noch schwerwiegender als die Vermüllung der Meere ist der Raubbau durch den *industriellen Fischfang*, der in den letzten Jahrzehnten dazu geführt hat, daß die Bestände weltweit auf ein Zehntel zusammengechmolzen sind und nicht nur die großen Fische und Meeressäuger, sondern gewöhnliche Speisefische wie etwa der Kabeljau über kurz oder lang vom Aussterben bedroht sind. Wir gehen hier nicht weiter darauf ein und verweisen auf die ausführliche Darstellung bei *Glaubrecht* [0d] S.586-671.

Heutzutage entstehen weltweit jährlich rund 300 Millionen Tonnen Plastikabfälle, eine Masse in der Größenordnung des Körpergewichts aller lebenden Menschen zusammen. 8 Mill. Tonnen landen im Meer, vorwiegend über Flüsse [31a], ca. 20% direkt [31b2] . Schon jetzt schwimmt schätzungsweise in den Meeren sechsmal soviel Plastik wie Plankton [31b2] .

Es haben sich bereits fünf *riesige Plastikmüll-"Inseln" in den Ozeanen* gebildet, von denen die Fläche der größten, des sog."Nordpazifische Wirbels", auf ca. 1,6 Millionen Quadatkilometer (über viermal so groß wie Deutschland) geschätzt wird; dort schwimmen ca. 80.000 Tonnen Plastik, davon nur 1% an der Oberfläche, das meiste in Tiefen zwischen 100 und 600 Metern.

Plastik ist fast unverwüstlich, zerfällt langsam zu Mikroplastik und übersteht Jahrhunderte [31b2]. Meerestiere verenden durch Plastikteile (Details zu den einzelnen betroffenen Tierarten siehe im Greenpeace-Bericht [31]), gesundheitsschädigende Mikroplastik wird über die Nahrungskette schließlich vom Menschen aufgenommen.

Außerdem sind *Küsten* weltweit mit Müll übersät. Am meisten sind dicht besiedelte Länder, an der Spitze Indonesien, betroffen. Meeres- und Windströmungen treiben den Müll weltweit an die entferntesten und menschenleersten Küsten. An dem einsamen Mallarimo-Strand auf der Vizcaino-Halbinsel in

Baja Calafornia/Mexiko z.B. finden sich Abfälle und Kuriositäten, die aus Ostasien über den Pazifik über Tausende von Kilometern angeschwemmt worden sind.

Maßnahmen zur Plastikmüllvermeidung und vor allem -beseitigung auf den Weltmeeren haben bisher nur geringen Erfolg, da die Zuständigkeiten für die Ozeane auf internationaler Ebene geklärt werden müssen. Die Entwicklung biologisch abbaubarer Kunststoffe ist zwar begrüßenswert, aber keine befriedigende Lösung [31d2], [31e].

C3. *Zerstörung tropischer Regenwälder*

Die tropischen Regenwälder sind von unschätzbarer Bedeutung für das ökologische Gesamtsystem Erde. Sie sind die größten Primärproduzenten. Sie beherbergen die *größte Artenvielfalt*, wovon bisher nur ein geringer Teil entdeckt und erforscht worden ist, auch im Hinblick als riesiges Repertoire für medizinische Zwecke nutzbarer Drogen und Heilmittel. [0c]

Die *klimawirksame Bedeutung* ist, im Gegensatz zu verbreiteter Meinung: «In allen Medien hört man die unsinnige Behauptung, der Regenwald würde dadurch das Klima schützen, dass er CO_2 der Luft bindet. Das ist falsch: Wenn dem so wäre, müsste eine meterdicke Humusschicht, Torf, oder gar Kohle unter dem Regenwald vorzufinden sein. In Wirklichkeit ist im Amazonasgebiet aber nur eine maximal 20 cm dicke Humusschicht auf dem mineralischen Untergrund.- Die klimaspezifische Leistung des Regenwaldes besteht darin, dass er große Wassermengen verdunstet und dadurch in früheren Jahrzehnten eine dichte Wolkenschicht über große Gebiete ausbreitete. Dadurch wurde die Sonneneinstrahlung stark reduziert und ein ausgeglichenes und feuchtes Kontinentalklima hergestellt. Wo der Regenwald abgeholzt wird, tritt extreme Sommerhitze und Trockenheit auf, wie jetzt (2019) aus Brasilien berichtet wird.» [5m]

Der tropische Regenwald ist allerdings ein sehr verletzliches ökologisches System. Wegen der schnellen Verrottung von Pflanzenresten bildet sich nur eine dünne Humusschicht, die nach Abholzung schnell abgetragen wird und zur Austrocknung und Lateritisierung (Verkrustung) des Bodens und damit zur **Versteppung und Verwüstung** führt. Eine äußerst pessimistische Prognose lautet so: «Die Bevölkerungsexplosion in Afrika und die Vernichtung des Regenwaldes in Südamerika wird in den nächsten Jahrzehnten aus dem Grünen Planeten Erde einen Wüstenplaneten machen und großen Teilen der Menschheit jegliche Lebensgrundlage entziehen.» [5m]

Der Biologe und Ökologe *E. O. Wilson* schrieb 1992, daß 1989 die tropischen Regenwälder durch anthropogene Zerstörung schon auf weniger als die Hälfte ihrer prähistorischen Ausdehnung zurückgegangen waren [0c] S.335f . Die jährliche Entwaldungsrate mit 1,8% des Restbestands setzte er aber zu hoch an. Nichtsdestoweniger wird geschätzt, daß heute etwa 20% des Amazonas-Regenwalds zerstört sind. [29a] S.20

Zwischen 1970 und 2014 sind in den tropischen Regenwäldern die Tierpopulationen im Mittel um mehr als 50% zurückgegangen, die Ursachen sind zu fast 80% Verlust bzw. Degradierung des Lebensraums und Ausbeutung (Jagd, Wilderei). [29a]

Als im Sommer 2019 wieder einmal großflächige **Waldbrände im Amazonasgebiet** auftraten, gab es volle Schlagzeilen, die vor allem den seit Anfang des Jahres amtierenden brasilianischen Präsidenten *Bolsonaro* wegen seiner rücksichtslosen Wirtschaftspolitik beschuldigten [29c], mit der er keine weiteren Schutzgebiete im Amazonasgebiet ausweisen und stattdessen Rodungen zulassen will, um Rinderviehzucht, Sojaplantagen und Bergbau voranzutreiben. **Brasilien** ist die größte Exportnation für Schlachtfleisch und inzwischen der weltgrößte Sojaproduzent, wobei sich die Anbaufläche seit dem Jahr 2000 auf 220 Tausend km^2 um fast das Fünffache vergrößert hat. [29b]. In 25 Jahren wurden etwa 300.000 km^2 Regenwald zerstört, im Durchschnitt etwa 12000 im Jahr, 8000 km^2 noch im Jahr 2018. [29f]

In Wirklichkeit waren die Waldbrände in **Bolivien** im Sommer 2019 noch ausgedehnter als in Brasilien, ohne daß dies in der Mainstream-Presse zu einer entsprechenden Kritik an dem sozialistischen Präsidenten *Morales* (der inzwischen zurückgetreten ist) geführt hätte. Die Waldbrände werden zum großen Teil von Menschen verursacht. Entgegen seiner früheren Umweltrhetorik, die sich in dem 2010 erlassenen Gesetz für das "Recht der Mutter Erde" kundtat, hat *Morales* im Juli 2019 ein Dekret in Kraft gesetzt, das großflächige Brandrodungen im Urwald systematisch fördert, mit der Begründung, es sei ein Recht des bolivianischen Volkes, die Erde für alle zu nutzen und den Urwald zu lichten.[29e]

Die Autorin *Naomi Klein* schreibt [x6] S.223 mit unverhohlener Enttäuschung, daß die Links- und Mittellinksregierungen (*Morales*/Bolivien, *Correa*/Ecuador) es bisher nicht geschafft haben, Wirtschaftsmodelle zu entwickeln, die auf ein extrem hohes Niveau der Extraktion endlicher Ressourcen und die damit verbundenen enormen Kosten für Menschen und Umwelt verzichten können. Die Intellektuellen Lateinamerikas haben dafür einen neuen Begrieff erfunden: *"progressiver Extraktivismus"*.[x6] S.224

Wir sehen, daß sowohl kapitalistische (*Bolsonaro*) als auch sozialistische Ideologien (*Morales*) letzlich keinen Halt machen vor Naturzerstörung zum Nutzen der Menschen, sei es für gewinnhungrige Konzerne oder sei es für wachsende ärmliche Bevölkerungmassen.

Indonesien ist der größte Palmölproduzent der Welt; dank des europäischen Biosprits entstanden riesige Monokulturen in Regenwäldern. Die Anbauflächen vervierfachten sich fast in 10 Jahren auf 20 Millionen Hektar. Der Biospritboom führte zur Vernichtung der Tieflandregenwälder in Sumatra, bereitete den Weg für die Vernichtung von Wäldern auf Borneo und Neuguinea und löste eine Kaskade von Zerstörungen aus: Pflanzen, Tiere, indigene Völker sterben aus, Überschwemmungen, Dürren, Erdrutsche nehmen zu. Die Großsäuger Sumatras (Tiger, Elefant, Orang-Utan, Nashorn) existieren nur noch in Enklaven.[29]

Ein Beispiel für das <u>Zusammenstoßen von Übervölkerung, Ressourcenübernutzung und Regenwaldzerstörung</u> ist die

Hauptstadt von Indonesien Jacarta auf der Insel Java: Großflächige Überbauungen und das Absaugen von Grundwasser in
jüngerer Vergangenheit hat zum Absinken der Böden um
jährlich rund 10 cm geführt. Jacarta ist eine der am schnellsten
sinkenden Stadte der Welt. [29i0] Wenn dies anhält und ein
weiterer relativer Meerespiegelanstieg – vermutlich weniger
wegen Klimawandel als geologisch verursacht – hinzukommt,
dann ist zu befürchten, daß Jacarta unbewohnbar wird. Daher ist
eine Umsiedlung ab 2024 auf die Insel Borneo geplant, was
neben ungeheuren Kosten mit der Abholzung eines großen
Areals artenreichen Regenwaldes verbunden wäre. [29i1]

C4. *Biodiversitätskrise und Artensterben*

siehe dazu die Bemerkungen in Kap. 6.5, S. 98.

C5. *Landwirtschaft*

Dieses komplexe Thema kann hier nur gestreift werden.

Dazu aus der Rezension eines Buchs des Biologen und
Ökologen *Reichholf*:

*«In der Tat sind etliche der der Landwirtschaft gewährten
Sonderrechte schwer mit einem wirksamen Naturschutz in
Einklang zu bringen. Angeprangert wird in dem Buch etwa die
Überfrachtung der Gewässer durch Dünger. Ein halbes Jahrhundert Umweltschutz und viele Milliarden für Sanierungs-
maßnahmen hätten nicht bewirkt, dass man aus der nächsten
Quelle trinken könne. Nach wie vor müsse Trinkwasser über
große Entfernungen zu den Menschen transportiert werden,
denn die Hauptbelastungsquelle - die Landwirtschaft - sei von
beinahe allen zur Sanierung der Umwelt verhängten Einschränkungen ausgenommen. Was den Schwund an Arten und
Biotopen sowie Änderungen im Wasserhaushalt betreffe,
betrage der Anteil von Industrie, Verkehr, Bau- und Siedlungs-
tätigkeit weniger als ein Zehntel dessen, was auf das Konto der
Landwirtschaft gehe. Hinsichtlich des Energieverbrauchs und
des Ausstoßes an klimawirksamen Gasen übertreffe die Landwirtschaft in Deutschland die vom Kraftfahrzeugverkehr in
Mitteleuropa verursachte Umweltbelastung.»* [46]

Weiter sei auf einen Beitrag "*Zukunft der Landwirtschaft. Grenzen des Wachstums*" [47] verwiesen mit Überschriften "zu wenig Fläche" und "Landwirtschaft ohne industriellen Größenwahn".

Andererseits widersprach der Agrarexperte *M. Hofstetter* von Greenpeace der Forderung nach Erhöhung der Weltproduktion an Nahrungsmitteln mit der Begründung, daß die Landwirtschaft in Deutschland zuviel CO_2 verursache, nämlich soviel wie die vier Braunkohlenkraftwerke zusammen [x11] S.247 . Welch ein Zynismus!

C6. *Massentourismus*

«... *heute sind die durch den industrialisierten Tourismus verursachten Umweltschäden vollends zu einem weltweiten Phänomen geworden. Der fatalste Effekt des Ferntourismus besteht vermutlich darin, daß er dazu beiträgt, daß der wasser- und energieaufwendige westliche Lebensstil überall auf der Welt – auch da, wo Wasser und Energie knapp sind – zum unwiderstehlichen Leitbild wird.*» (*Radkau* [x18] S.326)

Wer die Entwicklung des globalen Tourismus aus eigener Erfahrung seit Jahrzehnten verfolgt, muß zu seinem Entsetzen feststellen, daß einstige ökologisch intakte "Naturparadiese" durch den Massentourismus in ihrer ökologischen (und nicht nur dies, sondern auch in ihrer lokal-kulturellen) Integrität enorm verändert und gefährdet, wenn nicht sogar nahezu zerstört worden sind. Die Gier zu profitieren spielt sich in mindestens drei von gegenseitig verketteten Bereichen ab: Touristikindustrie, Touristen und Touristikzielregionen.[38]

Es werden schon "No-go-Reiseziele für Traumreisen" [30d] genannt. Beispiele u. a. sind die Galapagos-Inseln und die Malediven[30m2]. Auf den *Malediven* beispielsweise hat das Müllproblem durch über 1 Million Touristen im Jahr und dem gestiegenen Wohlstand der seit 1950 auf das über Fünffache

---

[38] Es soll allerdings nicht übergangen werden, daß die Existenz und Erhaltung von Naturreservaten und Nationalparks durch Tourismus unterstützt wurde, der v.a. in der 3. Welt eine wesentliche Einnahmequelle darstellt

zugenommenen Bevölkerung dazu geführt, daß der Müll auf einer ständig im Volumen wachsenden künstlichen Insel, der "Müllhölle von Thilafushi"[30m1], deponiert wird. Die derzeitige Regierung will den Tourismus sogar noch auf 7 Millionen steigern, während der vormalige umweltbewußtere Präsident *Mohamed Nasheed* in medienwirksamen Aktionen, z.B. einer Unterwasser-Konferenz, versucht hatte, die Weltöffentlichkeit auf den angeblich drohenden klimawandelbedingten Untergang seines Landes durch Meeresspiegelanstieg aufmerksam zu machen. Es war tatsächlich behauptet worden, die Malediven wären in 50 bis 100 Jahren zum Verschwinden verurteilt [14d]. Dies hat allerdings keine wissenschaftliche Grundlage, wie der Leiter des Meeresspiegelprojekts der Melediven, *Prof. Mörner* aus Stockholm, in einem offenen Brief an den Präsidenten erläuterte [x11] S.137. In den vergangenen 5000 Jahren war der Meeresspiegel maximal ca. 1 m und wiederholt höher als heute und nahm seit den 1970er Jahren um etwa 20 -30 cm auf das heutige Niveau ab (*Jaworowski* [1u], S.49 Fig. 9 unter Bezugnahme auf *Mörner*).

Das ***Mittelmeer*** zählt zu den weltweit am stärksten verschmutzten Gewässern. Bei nur 1% Flächenanteil beherbergt das Mittelmeer 7% des globalen Mikroplastiks in den Meeren. Der Hauptanteil kommt vom küstennahen Tourismus [31g] S.26. Eindrücklich wird in einer Arte-Dokumentation "*Mittelmeer in Gefahr*" [30c] vor den Folgen des noch weiter steigenden Mittelmeertourismus gewarnt und die schädliche Rolle vor allem des Kreuzfahrttourismus aufgezeigt. [30a], [30b].

<u>Schlußwort</u>

Wir leben in einer Welt und Übergangszeit, die in vieler Hinsicht durch die Vorsilbe "*post-*" zu kennzeichnen versucht wird, um sie damit von der Vergangenheit abzuheben und diese als "überholt" erscheinen zu lassen: *postmodern, postdemokratisch, postfaktisch, postnormal*, etc.

Wir haben bereits gesehen, daß die Klimawissenschaft nicht mehr "normal" Erkenntnisgewinn dient, sondern "*postnormal*" politischen Zielen unterworfen ist. Und wir erfahren tagtäglich, wie unsere Erfahrung immer weniger eigene Erfahrung in der realen Welt ist, sondern veröffentlichte Pseudoerfahrung in der virtuellen Welt der Kommunikationsmedien, die ihrerseits geradezu ideale Plattformen für die Manipulation von Informationen und die Übertragung vorgefaßter Meinungen darstellen. Insofern ist unsere Erfahrung weniger noch "faktisch", sondern vielmehr "*postfaktisch*". Auf diese Tatsachen hinzuweisen und kritisches Bewußtsein anzusprechen, ist auch eines der Anliegen der vorliegenden Schrift.

Der Philosoph *Immanuel Kant* appellierte an die Aufhebung der selbstverschuldeten Unmündigkeit mit dem Aufruf "*sapere aude*" (habe den Mut zu *wissen*), der sich in Anlehnung an *René Descartes* zu dem Appell "*dubitare aude*" (habe den Mut zu *zweifeln*) verschärfen läßt. Der erkenntnistheoretische Zweifel ist für *Descartes* konstitutiv für das Ich, die Selbstvergewisserung (ich denke / zweifle, also *bin Ich*); und das Bezweifeln ist auch konstitutiv für echte Wissenschaft.

Bleiben wir aber nicht beim privaten Ich stehen, denn das Private ist immer auch vom Politischen umschlossen. Zur Selbstvergewisserung des *sozialen* Ichs, des staatbürgerlichen Subjekts, gehört ebenfalls der Zweifel, nämlich der Zweifel an den Intentionen und Verlautbarungen der einflußreichen Eliten und der machthabenden Politiker, und weiter die Einforderung ihrer Legitimität, insbesondere auf der Grundlage des gültigen Rechts.

Damit ist es leider schlecht bestellt, wie sich in einer Kette rechtswidriger[39] politischer Entscheidungen gezeigt hat: u. a. der abrupte "Atomausstieg" 2011; die unkontrollierte Grenzöffnung zur Masseninvasion ab 2015; die dauerhafte Beschneidung von Grundrechten in der Coronakrise und die Aufrechterhaltung als "neue Normalität" 2020; die zunehmende Einschränkung und Strafverfolgung der Wahrnehmung des Grundrechts der freien Meinungsäußerung, etc.

Das sind "*postdemokratische*" Verhältnisse, wo die Rangfolge – das Volk ist Souverän und die gewählten Politiker sind dem Souverän Rechenschaft schuldig – auf den Kopf gestellt ist.

Dies muß man auch bei der Klimadebatte und –politik im Auge behalten. Selbst wissenschaftlich fundierte Auffassungen, die nicht auf der Linie des offiziellen Paradigmas liegen, werden entweder ignoriert oder mit dem Stigma "Klimaleugner" diffamiert. Auf dem unsicheren Boden des *postfaktischen* Konstrukts einer auf *postnormale* Wissenschaft gestützten "Klimakrise" soll aber mit *postdemokratischen* Mitteln eine "Klimapolitik" zusammen mit einer großen gesellschaftlichen Umwälzung durchgesetzt werden.

Dem Autor ist es ein Anliegen, den etablierten Klimawissenschaftlern dringend zu raten, sich nicht korrumpieren zu lassen und von ihrem Verdrängungs- und Diffamierungsmodus endlich in den wissenschaftsethischen offenen Diskursmodus zurück-

---

[39] "rechtswidrig" soll heißen: gegen das Grundgesetz oder gegen bisher geltende Gesetze – insbesondere wurden unter Ausnutzung parlamentarischer Mehrheiten "rechtswidrige" Gesetze verabschiedet, die neue Realitäten schafften und Kollateralschäden verursachten, die nicht mehr rückgängig zu machen sind, auch wenn nach Jahren Verzug das Verfassungsgericht die Rechtswidrigkeit festgestellt hat

zufinden, wo ganz selbstverständlich der Grundsatz "audiatur et altera pars" kultiviert wird. [40]

Es wurde hier nachzuweisen versucht, daß das wissenschaftliche Fundament, mit dem die politischen "Klimaziele" und die daran anknüpfende politische "Große Transformation" der gesamten Wirtschaft und Gesellschaft begründet werden, schwach und mit großen Unsicherheiten behaftet ist: es gibt ernstzunehmende Indizien dafür, daß die Klimarechenmodelle die zu erwartende Klimaerwärmung um den Faktor 2 oder mehr überschätzen bzw. daß auch mit einer Abkühlung statt Erwärmung gerechnet werden muß: Indizien, die dem herrschenden Paradigma und der geplanten durchgreifenden "Klimapolitik" widersprechen und daher unterdrückt werden. Der Verdacht ist daher zwingend, daß es den Protagonisten des Klimaalarmismus mehr um die politische Durchsetzung der anvisierten post-demokratischen Gesellschaftsrevolution der Großen Transformation geht als um die wissenschaftlich solide Begründung der vorgeblichen "Klimakrise" und "Klimarettung".

Deshalb: ***Seien wir wachsam!***

Trotzdem gilt:
 Wir sind zu viele,
 wir verbrauchen zuviel,
 und wir zerstören zuviel.
Die dadurch aufgehäuften Weltprobleme sind gigantisch, sie lassen sich aber weder allein auf eine "Klimakrise" reduzieren, noch durch eine einseitige Politik der "Klimarettung" lösen.

---

[40] *«Man sollte nicht naiv sein, die Wissenschaft ist genauso korrupt wie die Politik»* (K. Reiss/ S. Bhakdi in [64], S.139)

<u>Hinweis zu den Quellenhinweisen</u>

Der Autor hat mit Sorgfalt recherchiert, übernimmt aber keine Verantwortung für Inhalte der zitierten Internet-Quellen oder dort weiterführender Links. Da Internet-Websites und Internet-Artikel Änderungen unterworfen sein können, wurde meist das Datum des Erscheinens bzw. des letzten Aufrufs angegeben.
Wenn ein Artikel nicht über die angegebene URL erreichbar ist, hilft es manchmal weiter, wenn man den Titel in eine Suchmaschine (z.B. Google) eingibt.

Quellenhinweise

Standardwerke zu: ökologische/ökonomische Krise, Wissenschaftstheorie, Propaganda, etc.

[0a] Herbert Gruhl, *Himmelfahrt ins Nichts. Der geplünderte Planet vor dem Ende*, (1992)

[0a1] Herbert Gruhl, *Ein Planet wird geplündert. Die Schreckensbilanz unserer Politik*, (1975)

[0a2] Herbert Gruhl, *Das irdische Gleichgewicht. Ökologie unseres Daseins*, (1982)

[0b1] Dennis Meadows, et al., *Die Grenzen des Wachstums*, (1972)

[0b2] Donella Meadows, et al., *Grenzen des Wachstums Das 30-Jahre Update*, (4. Aufl., 2012)

[0c] Edward E. Wilson, *Der Wert der Vielfalt. Die Bedrohung des Artenreichtums und das Überleben des Menschen*, (1995)

[0d] Matthias Glaubrecht, *Das Ende der Evolution. Der Mensch und die Vernichtung der Arten*, (2019)

[0e] Bernd Senf, *Die blinden Flecken der Ökonomie. Wirtschaftstheorien in der Krise*, (2004)

[0f] Mario Bunge/ Martin Mahner, *Über die Natur der Dinge. Materialismus und Wissenschaft*, (2004) (Kap. 6.2 *Die Charakterisierung von Wissenschaft*)

[0g] Thomas Kuhn, *Die Struktur wissenschaftlicher Revolutionen*, (10. Aufl.,1989)

[0h] Pascal Acot, *L'Écologie de la libération*, (2017) https://www.letempsdescerises.net/?product=lecologie-de-la-liberation

[0i] *Die Propaganda-Matrix: Wie der CFR den geostrategischen Informationsfluss kontrolliert* *Studie von Swiss Propaganda Research* (Sept. 2017), https://swprs.org/**die-propaganda-matrix/**

[0iw] https://swprs.org/*propaganda-in-der-wikipedia/* ,(Mai 2020)

[0k] Herman Daly & K. Townsend (eds.), *Valuing the Earth. Economics, Ecology, Ethics*, (1993)

[0k1] P & A Ehrlich et al, *Availability Entropy and the Laws of Thermodynamics*; [0k], 69-73

[0k2] N. Georgescu-Roegen, *The Entropy Law and the Economic Problem*; in [0k], 75-88

[0k3] Herman Daly, *On Economics as a Life Science*; in [0k], 249-265
[0k4] Herman Daly, *Sustainable Growth: An Impossibility Theorem*;
    in [0k], 267-273, 365 ff
[0k5] Herman Daly, *The Steady-State Economy: Toward a Political
Economy of Biophysical Equilibrium and Moral Growth*; 325 ff

[0m] Dietrich Dörner, **Die Logik des Mißlingens: Strategisches
    Denken in komplexen Situationen**, (1. Aufl. 1989, 15. Aufl. 2018)
[0m1] (23.1.2017)
 https://www.achgut.com/artikel/denn_sie_wissen_nicht_was_sie_tun

[0p] Franz M. Wuketits, **ausgerottet – ausgestorben. über den
    Untergang von Arten, Völkern und Sprachen**, (2003)

wissenschaftliche "Klimakritik"

informative Websites

[#1] The Global Warming Policy Foundation (director Dr. B. Peiser),
    https://www.thegwpf.org/
[#2] Watts Up With That? (director Anthony Watts),
    https://wattsupwiththat.com/
[#3] EIKE: Europäisches Institut für Klima & Energie,
    https://www.eike-klima-energie.eu/
[#4] ScienceSkepticalBlog, http://www.science-skeptical.de/
[#5] Principia Scientific International, https://principia-scientific.org
[#6] SEPP: Science and Environmental Policy Project (established
    1990 by *Prof. Fred Singer*   to challenge environmental policies
    based on poor science),   http://www.sepp.org/
[#6a] SEPP The Week That Was Archives, http://www.sepp.org/the-
week-that-was.cfm
[#7] (*Prof. H. von Storch*), https://klimazwiebel.blogspot.com/
[#8] Climate etc (*Prof. Judith Curry*), https://judithcurry.com/
[#9] American Institute of Physics, (s. ausführlicher [x26], Seite 185)
https://history.aip.org/history/climate/index.htm#L000

wissenschaftliche Publikationen

[1] **1350+ Peer-Reviewed Papers Supporting Skeptic Arguments
    Against ACC/AGW Alarmism** (12.2.2014),
http://www.populartechnology.net/2009/10/peer-reviewed-papers-
supporting.html

[1a1] Richard S. Lindzen, *Global Warming. The Origin and Nature of the Alleged Scientific Consensus*, Cato Review of Business & Government, Spring 1992, pp 87-98,   https://www.cato.org/sites/cato.org/files/serials/files/regulation/1992/4/v15n2-9.pdf

[1a2] R. S. Lindzen, , *Taking Greenhouse Warming Seriously*, https://courses.seas.harvard.edu/climate/eli/Courses/global-change-debates/Sources/Mid-tropospheric-warming/more/old/Lindzen-2007-Taking-Greenhouse-warming-seriously.pdf, (April 3, 2007)

[1b] Prof. G. Gerlich (Inst. f. Math. Physik, TU Braunschweig),
    Dr. R.Tscheuschner (Hamburg):
Falsifizierung der atmosphärischen CO_2- Treibhauseffekte im Rahmen der Physik, (2015)
https://www.fortschrittinfreiheit.de/veroeffentlichungen/falsi.pdf
(Dt. Übers. der peer-reviewed Originalpublikation in:)
[1b1] International J. of Mod. Physics B, 23, No.3 (2009) 275–364
https://www.worldscientific.com/doi/abs/10.1142/S021797920904984X

[1b2] Gerhard Gerlich / Ralf Tscheuschner,
Internat. J. of Modern Physics B, Vol. 24, No.10 (2010) 1333–1359:
Reply to "Comment on 'Falsification of the atmospheric CO_2 greenhouse effects within the frame of physics' by J. Halpern, C. Colose, Chris Ho-Stuart, J. Shore, A. Smith, J. Zimmermann"
https://www.worldscientific.com/doi/abs/10.1142/S0217979210055573

[1b3] http://scienceblogs.de/primaklima/2009/03/25/chronik-eines-angekundigten-skandals-gerlich-und-tscheuschner-wurden-peerreviewt/

[1c] A. Agerius, *Kritische Analyse zur globalen Klimatheorie. Widerlegung der Bassisstudie KT97 des IPCC ...,* (Tredition), 2019
[1c2] - gleicher Titel, erweiterte 2. Auflage, 2021
        ISBN 978-3-347-24749-9

[1d] J. Kauppinen & P. Malmi (University of Turku, Finland),
    No Experimental Evidence For The Significant Anthropogenic Climate Change, (29 June 2019, Preprint):
    https://arxiv.org/pdf/1907.00165.pdf

[1d1] https://sciencefiles.org/2019/07/14/neue-studie-der-mythos-des-menschengemachten-klimawandels-bricht-an-allen-ecken-und-enden-zusammen/

[1e] R I Holmes; *Molar Mass Version of the Ideal Gas Law Points to a Very Low Climate Sensitivity*,
    Earth Sciences, 2017, Vol 6, No 6, 157-163

[1f] J.C. Fyfe e al., ***Making sense of the early 2000s warming slowdown***, Nature Climate Change, Vol.6 (March 2016), 224-228
https://www.nature.com/articles/nclimate2938.epdf?...

[1g] Prof. John R Christie, *The tropical skies.* ***Falsifying climate alarm.***(Copyright 2019 The Global Warming Policy Foundation)
https://www.thegwpf.org/content/uploads/2019/05/JohnChristy-Parliament.pdf

[1h] Patrick Frank, ***A Climate of Belief,*** Skeptic Vol 14 No 8 (2008),
https://www.skeptic.com/wordpress/wp-content/uploads/v14n01resources/climate_of_belief.pdf

[1i] D. Henderson & C. Hooper, ***Flawed Climate Models***,
Hoover Inst. Journal (April 4, 2017)
https://www.hoover.org/research/flawed-climate-models

[1k] P. Frank (6.9.2019), ***Propagation of Error and the Reliability of Global Air Temperature Projections***, *Front. Earth Sci.* 7:223,
https://www.frontiersin.org/articles/10.3389/feart.2019.00223/full

[1m1] Judith Curry (Climate Forecast Applications Network),
Hurricanes and Climate Change, (4 Sept 2019, Version 2),
https://curryja.files.wordpress.com/2019/09/sr-hurricanes-6-v2.pdf
[1m2] Judith Curry, ***Special Report on Sea Level Rise***,
https://judithcurry.com/2018/11/27/special-report-on-sea-level-rise/
[1m3] J Curry & B Webster, ***Climate Science and the Uncertainty Monster***, Am. Meteor. Soc BAMS (Dec 2011)1667-1682,
https://journals.ametsoc.org/doi/pdf/10.1175/2011bams3139.1
[1m4] City-Journal (Winter 2019), ***Climate Science's Myth-Buster. It's time to be scientific about global warming***, says climatologist Judith Curry, https://www.city-journal.org/global-warming

[1m5] G. Browning, https://judithcurry.com/2020/06/20/structural-errors-in-global-climate-models/

[1n] A. J. Winkler et al., ***Earth system models underestimate carbon fixation by plants in the high latitudes***, Nature Communications
volume 10, Article number: 885 (2019)
https://www.nature.com/articles/s41467-019-08633-z

[1p] Prof. Gernot Patzelt, ***Die nacheiszeitliche Klimaentwicklung in den Alpen***, TvR Medienverlag, (2014)
[1p*] (Rezension) ***Das Alpenklima im Zeitenwandel. Der Mensch ist kein Wettermacher***, (2015),
http://www.weltderfertigung.de/downloads/buch-die-nacheiszeitliche-klimaentwicklung.pdf

[1p0] Dr. Hanspeter Holzhauser, *Auf dem Holzweg zur Gletschergeschichte*, Sonderdruck aus «Mitteilungen der Naturforschenden Gesellschaft in Bern», Band 66, 2009, S. 173-208,

[1p1] H. Holzhauser et al., *Gletscher als Zeugen der Klimageschichte*, Cartographica Helvetica: Heft 25 (Januar 2002), S. 21-24, https://www.e-periodica.ch/cntmng?pid=chl-001:2002:25::131

[1p2] H. Holzhauser, *Die bewegte Vergangenheit des großen Aletschgletschers*, (2009) https://doc.rero.ch/record/200969/files/BCV_N_178_41_2009_47.pdf

[1q] PD Dr. Harald Kehl, *Vegetationsökologie Tropischer & Subtropischer Klimate*, *Kurzer Überblick zur Klimageschichte* .. (Vorlesung TWK an der FU Berlin, Inst. f. Ökologie), https://www.science-e-publishing.de/project/lv-twk/002-klimageschichte-kleiner%20ueberblick.htm

[1q1] H. Kehl, *Das zyklische Auftreten von Optima und Pessima im Holozän*, *https://www.science-e-publishing.de/project/lv-twk/002-holozaene-optima-und-pessima.htm* Inst. f.

[1q2] H. Kehl, *Debatte um den Klimawandel*, https://www.science-e-publishing.de/project/klimadebatte/02-intro-3-twk.htm

[1q2a] H. Kehl, *Erläuterungen ...*, *Das Niveau der Klimadebatte*, https://www.science-e-publishing.de/project/klimadebatte/02-intro-3-1-twk.htm

[1q2b] H. Kehl, *Erläuterungen ...*, *Eine Welt voller Widersprüche*,, https://www.science-e-publishing.de/project/klimadebatte/02-intro-3-2-twk.htm

[1q2c] H. Kehl, ...,*Datenmanipulation und Betrug in der Wissenschaft - Cui bono?*, https://www.science-e-publishing.de/project/klimadebatte/02-intro-3-2-twk.htm#manipulation

[1q2d] H. Kehl, ...,*Unterschätzte Risiken - das eigentliche Problem?*, https://www.science-e-publishing.de/project/klimadebatte/02-intro-3-7-twk.htm#1-7

[1q2e] H. Kehl, ... *Zu- oder Abnahme von extremen Wetterereignissen stimmt das?*, https://www.science-e-publishing.de/project/klimadebatte/02-intro-3-2-twk.htm#extremeswetter

[1q3] H. Kehl, *2000 Jahre Temperaturentwicklung auf der Nordhalbkugel. Bemerkungen zum "Hockeystick"*, https://www.science-e-publishing.de/project/klimadebatte/002-holozaen-2000jahre.htm

[1q4] H. Kehl, ..., *Zum sogenannten "Treibhauseffekt"*, https://www.science-e-publishing.de/project/klimadebatte/002-treibhauseffekt.htm

[1q5] H. Kehl, ...,*Bedeutung des Kohlendioxids für die globale Klimaentwicklung*, https://www.science-e-publishing.de/project/klimadebatte/02-intro-3-twk-c.htm

[1q6] H. Kehl, ..., *Der Kohlenstoffkreislauf*, https://www.science-e-publishing.de/project/klimadebatte/002-kohlenstoffkreislauf.htm

[1q7] H. Kehl, ..., *Die Sonne – Das zyklische Auftreten von Sonnenflecken*, https://www.science-e-publishing.de/project/klimadebatte/002-sonnenfleckenzyklen.htm

[1q8] https://www.spektrum.de/magazin/ist-ein-ueber-mehrere-jahrtausende-stabiles-klima-die-ausnahme/821217 (1.11.93)
[1q9] Prof. Broecker, https://www.spektrum.de/magazin/ploetzliche-klimawechsel/822769   (1.1.1996)

[1qx] B. Stauffer, *Greenland Ice Core Project. An ESF Research Programme. Final Report*, (1996) https://pdfs.semanticscholar.org/f20e/f393562f3ff9988d428addf094c95468addc.pdf

[1r] David B. Kemp et al., *Maximum rates of climate change are systematically underestimated in the geological record*, Nature Communications volume 6, Article number: 8890 (2015), https://www.nature.com/articles/ncomms9890

[1s] Prof. J. Weigl, *Kohlendioxid Windenergienutzung und Klima*, Fusion (4/1999), https://www.solidaritaet.com/fusion/1999/4/klima.htm

[1t] John P. Bluemle, *Global Warming: A Geological Perspective*, (1999), http://www.seekingtruth.co.uk/JPBluemle.pdf

[1u] Z. Jaworowski, *CO_2: The Greatest Scientific Scandal of Our Time*, EIR Science (16 March 2007), p. 38-53, http://www.warwickhughes.com/icecore/zjmar07.pdf , http://folk.uio.no/tomvs/esef/Jaworowski%20CO2%20EIR%202007.pdf

[1v] *Latest Climate Science*, ICFS Irish Climate Science Forum, (Feb 2019), http://ccdedu.blogspot.com/2019/10/an-irish-overview-of-latest-climate.html

[1vx] https://www.desmog.co.uk/2019/09/06/*climate-science-deniers*-planning-coordinated-european-misinformation-campaign-leaked-documents-reveal

[1w] Willie Soon et al, ***Re-evaluating the role of solar variability on Northern Hemisphere temperature trends since the 19th century***
https://globalwarmingsolved.com/data_files/SCC2015_preprint.pdf
[1w1] https://www.eike-klima-energie.eu/2015/10/15/eine-kurze-zusammenfassung-der-***studie-von-soon***-conolly-und-conolly-2015/

[1x] C Monckton W Soon D Legates M Briggs, ***Why models run hot: results from an irreducibly simple climate model,***
https://link.springer.com/content/pdf/10.1007/s11434-014-0699-2.pdf

[1x1] C Monckton D Legates M Briggs,
https://wattsupwiththat.com/2015/04/10/calling-all-supporters-of-willie-soon/
[1x2] https://www.eike-klima-energie.eu/2020/05/12/die-***verunglimpfung-von-willie-soon***/

[1y1] B.B. McShane & A.J. Wyner, A ***statistical analysis*** of multiple temperature proxies: ***are reconstructions of surface temperatures over the last 1000 years reliable?***
Annals of Applied Statistics 2011, vol 5 (1), 5-44
https://www.projecteuclid.org/euclid.aoas/1300715170

[1y2] B.B. McShane & A.J. Wyner, ***Rejoinder: A statistical analysis of multiple temperature proxies ...,***
Annals of Applied Statistics 2011, vol 5 (1), 99-123
https://www.projecteuclid.org/euclid.aoas/1300715184

[1z] Ka-Kit Tung & Jiansong Zhou (Univ. Seattle), *Using data to attribute episodes of warming and cooling in instrumental records,*
www.pnas.org/cgi/doi/10.1073/pnas.1212471110 (approved Dec 2012)

populär-wissenschaftliche Beiträge

[2] Öffentliche Anhörung zu Thema „***Welternährung und Klimawandel***" auf Anordnung Ramsauers nicht aufgezeichnet (9.6.2019) :
https://www.journalistenwatch.com/2019/06/09/oeffentliche-anhoerung-thema/

[3] https://sciencefiles.org/2019/10/29/Klimawandel-hoax-implodiert-***alle-Klimawandel-Fakten-auf-einen-Blick***/, (nimmt Bezug auf [1v])

[3a] https://www.eike-klima-energie.eu/2019/10/07/***Klimawandel-und-CO2-erklaert-fuer-Kinder-und-Erwachsene***/

[3a1] H. Lüdecke (6.7.2018):
https://www.achgut.com/artikel/***Kleine_Inspektion_am_Klimadampfer***

[3a2] H.-J. Lüdecke: *9 Fragen zum "Klimaschutz*, TvR Medienverlag Jena, (2.Aufl. 2018)

[3b] P. Heller, *Das Klima hat den Weltklimavertrag nicht unterschrieben*, TichysEinblick (7.10.2016) https://www.tichyseinblick.de/kolumnen/lichtblicke-kolumnen/das-klima-hat-den-weltklimavertrag-nicht-unterschrieben/

[3c] Compact Spezial, Sonderausgabe Nr.15, *Klimawandel. Fakten gegen Hysterie*, (8.10.2017)

[3c1] M. Dassen, *Aufstand der Anständigen*, in: [3c], S.21-22
[3c2] E-G Beck, *Sieben Klimathesen widerlegt*, in: [3c], S.26-27
[3c3] M. Dassen, *Aussterbende Eisbären und andere Märchen*, S.28-30
[3c4] Dr. W. Thüne, *Reales Wetter, fiktives Klima*, in: [3c], S.31-32
[3c5] M. Dassen, *Gefahren der Wettermanipulation*, in: [3c], S.34-35
[3c6] Prof. H. Malberg, *It's the sun, stupid!*, in: [3c], S.36-37
[3c7] P. Kwiatkowski, *Attacke mit dem Hockeyschläger*, S.38-39
[3c8] D. Pföhringer, *Sonne, CO2 und Nordatlantische Oszillation*, S.40
[3c9] D. Pföhringer, *Prof. Vahrenholt: Öko-Ikone gegen Klimahysterie*, in: [3c], S.23-24
[3c10] G. Wisnewski, *Wikipedia. Der Mann der unser Weltbild umschrieb*, in: [3c], S.45-46
[3c11] J. Barthel, *Schellnhubers Masterplan*, in: [3c], S.50-52
[3c12] K. Meissner, *IPCC. Die bunte Seite der Macht*, in: [3c], S.53-54
[3c13] A. Follett, *Die fünf größten Profiteure*, in: [3c], S.59-60
[3c14] D. Pföhringer, *Wollt ihr den totalen Blackout?*, in: [3c], S.65-66
[3c15] N. Vogt, *Brot in den Tank?*, in: [3c], S.72

[3d] *Klimareligion: Die Jünger des Klimawandels sind unempfänglich für Fakten*, (2. Juli 2019), https://sciencefiles.org/2019/07/02/klimareligion-die-junger-des-klimawandels-sind-unempfanglich-fur-fakten/

[3e] (5. Juli 2019), https://sciencefiles.org/2019/07/05/*wir-haben-zu-wenig-nicht-zu-viel-CO2-von-kauflichen-Mainstream-Klimaforschern/*

[3f] https://de.scribd.com/document/232932595/*CO2-Gift-oder-Lebenselixier*, (Folien zu [4-2])

[3g] https://de.scribd.com/document/44498139/*Globale-Erwärmung-globale-Abkühlung*

[3h] Kenfm, Tagesdosis 9.8.2019, *Geschäftsmodell Klima*, https://kenfm.de/tagesdosis-9-8-2019-geschaeftsmodell-klima/

[3i] Dr. Pascal Acot (Klima-Historiker), *Die Politisierung der Klimatologie beenden* (13.08.2019)
https://deutsch.rt.com/meinung/91175-politisierung-klimatologie-beenden/

[3k] Dr. Heike Diefenbach, *Die neue „große Erzählung" vom menschengemachten Klimawandel – jenseits von Postmoderne und Moderne*, (15. August 2019)
https://sciencefiles.org/seniority/topic/die-neue-grose-erzahlung-vom-menschengemachten-klimawandel-jenseits-von-postmoderne-und-moderne/?part=1#postid-1520

[3m] Roger Letsch, *Schiefe Metaphern zur Klimarettung*,
Ub Institut für Meinungsvielfalt & politischen Exorzismus, (8.8.2019):
https://unbesorgt.de/frosch-sei-wachsam-schiefe-metaphern-zur-klimarettung/

[3n] Roger Letsch, *Forscht die Klimawissenschaft ergebnisoffen?*,
Ub, (11. Sept 2019):
https://unbesorgt.de/forscht-die-klimawissenschaft-ergebnisoffen/

[3p] Prof. Eric Karlstrom, *Die Ursprünge des Schwindels vom menschengemachten Klimawandel*, eigentümlich frei (22.9.2019),
https://ef-magazin.de/2019/09/22/15760-hintergruende-der-globalen-erwaermung-die-urspruenge-des-schwindels-vom-menschengemachten-klimawandel

[3q] Dr. Roger Higgs, *25 einfache Punkte die zeigen dass Kohlendioxid keine globale Erwärmung verursacht. Die Sonne ist der Hauptantrieb*, eigentümlich frei (14.6.2019),
https://ef-magazin.de/2019/06/14/15192-standpunkt-eines-geologen-zum-menschengemachten-klimawandel-25-einfache-punkte-die-zeigen-dass-kohlendioxid-keine-globale-

[3r] *Climate myths: Ice cores show CO_2 increases lag behind temperature rises, disproving the link to global warming*, New Scientist (16 May 2007),
https://www.newscientist.com/article/dn11659-climate-myths-ice-cores-show-co2-increases-lag-behind-temperature-rises-disproving-the-link-to-global-warming/

[3s] D Legates (Prof of Climatology at the University of Delaware), *Carbon Dioxide and Air Temperature: Who Leads and Who Follows?*, (Dec 10, 2012),
https://cornwallalliance.org/2012/12/carbon-dioxide-and-air-temperature-who-leads-and-who-follows/

[3t] Dr. Ing. C. Fischer, *Klimawandel – nicht diese Panik!*, Zeit-Fragen Nr.23 (5.11.2019)
https://www.zeit-fragen.ch/archiv/2019/nr-24-5-november-2019/klimawandel-nicht-diese-panik.html

[3u1] *Der pH-Wert der Ozeane*, EIKE (Text zum Download), (2016)
https://www.eike-klima-energie.eu/wp-content/uploads/2016/12/Versauerung_der_Meere_01.pdf

[3u2] http://www.science-skeptical.de/klimawandel/*Versauerung-der-Meere-reale-Bedrohung-oder-nicht-mehr-als-Panikmache*/0012876/

[3v1] Manfred Haferburg, (28.10.19)
https://www.achgut.com/artikel/energiewende_gau_im_illusions_reaktor
[3v2] (31.10.19), https://www.achgut.com/artikel/gau_im_illusionsreaktor_2_froehlich_in_die_energie_kulturrevolution
[3v3] (6.11.19), https://www.achgut.com/artikel/gau_im_illusionsreaktor_3_den_wahnsinn_anschaulich_machen
[3v4] (12.11.19), https://www.achgut.com/artikel/gau_im_illusionsreaktor_4_energie_laesst_sich_nicht_wenden
[3v5] (16.11.19), https://www.achgut.com/artikel/gau_im_illusionsreaktor_5_schlechter_als_uruguay
[3v6] (23.11.19), https://www.achgut.com/artikel/gau_im_illusionsreaktor_die_10_punkte_disaster_
[3v7] (27.12.19), https://www.achgut.com/artikel/haferburgs_rueckblick_2019_der_energie_harakiri
[3v8] (1.12.19), https://www.achgut.com/artikel/500_jahre_klimanotstand_auf_ruegen

[3w] Joh. Eisleben, (19.11.2019),
https://www.achgut.com/artikel/kinder_es_gibt_ein_morgen

[3x1] Prof. Hans von Storch, *Klimawandel — was ist zu tun?*,
http://www.hvonstorch.de/klima/ , s.a. [x25] S.78-80

[3x2] https://www.zeit.de/wissen/2009-12/*klimadebatte-storch*/

[3x3] Sven Titz (über H. von Storch),
https://www.nzz.ch/*klimawissenschaft_zwischen_skylla_und_charybdis*-1.4648790 , (27.1.2010)

populär-wissenschaftliche Vorträge, Interviews

[4-0] Dr. R. Tscheuschner, *Lückenlos entlarvt - Lehrfilm über Treibhauseffekt- und CO_2*, Interviews mit Prof. Gerlach & Dr.Thüne,
https://www.youtube.com/watch?v=4xep6MvyUT8

[4-1] Dipl.-Meteorologe Klaus-Eckart Puls (Ehem. Leiter der Wetterämter Essen und Leipzig), *Die Achillesferse der Klimamodelle: Wasserdampfverstärkung*, (Vortrag, Berlin, 11.-12. Nov. 2016), https://www.youtube.com/watch?v=5HaU4kYk21Q

[4-2] K.-E. Puls, *CO₂ - Gift oder Lebenselixier?*, EIKE (Vortrag, Hamburg, 14. Juni 2013), https://www.youtube.com/watch?v=VPeeb3Ab4Q4

[4-3] K.-E. Puls, *Extremwetter-Ereignisse: Was finden die Wetterdienste? Was schreibt der Klimarat IPCC?*, EIKE (Vortrag, Essen, 11./12. Dez. 2015), https://www.youtube.com/watch?v=huRTeprz9ZU

[4a] Prof. H. Malberg, em. Leiter des Inst. f. Meteorologie FU Berlin, (Vortrag 20.3.2010), *Klimawandel seit der kleinen Eiszeit,* https://www.youtube.com/watch?v=wCnUUGilH5Y

[4b1] ScienceFiles (28.11.2017), *Nobelpreisträger Giaever: Einen menschengemachten Klimawandel gibt es nicht – Alarmisten und Politiker manipulieren die Öffentlichkeit* https://sciencefiles.org/2017/11/28/nobelpreistrager-einen-menschengemachten-klimawandel-gibt-es-nicht-alarmisten-und-politiker-manipulieren-die-offentlichkeit/

[4b2] *Nobel Laureate (Physik 1973) Prof. Ivar Giaever Smashes the Global Warming Hoax,* https://youtu.be/TCy_UOjEir0

[4c1] Prof. C.-O. Weiss, *Grund zur Panik? Klimazyklen der letzten 250 Jahre,* EIKE (Vortrag in Frankfurt, 17.10.2014), https://www.youtube.com/watch?v=c2E8CvYoXJg

[4c2] Prof. C.-O. Weiss, *Spektralanalyse von Klimadaten*, EIKE (Vortrag in Essen, 13.3.2015) https://www.youtube.com/watch?v=oB7dq6fyI-Y

[4c3] Prof. Horst Lüdecke: *1. Modell des CO₂ Zyklus, 2. Temperaturen & Niederschlagsmuster*, EIKE (Vortrag, Düsseldorf , 9./10. Nov.2017), https://www.youtube.com/watch?v=crxl37tMNKw

[4c4] *Prof. Dr. Lüdecke zerlegt CO₂ -Klimahysterie im Bundestag* (20. 2. 2019) https://www.youtube.com/watch?time_continue=53&v=BdyKbSdm_U4

[4d] Prof. Hermann Harde, *Wieviel tragen CO₂ und die Sonne zur globalen Erwärmung bei?* EIKE (Vortrag am 23.11.2018), https://www.youtube.com/watch?v=6haqGBFCjLs

[4e0] Prof. Dr. W. Kirstein: ***Klimawandel zwischen Modellen, Statistik und Ersatzreligion***, (EIKE- Klimakonferenz, Berlin 2010) https://www.youtube.com/watch?v=q_AAuIgDh04

[4e1] W. Kirstein (Vortrag 28.8.2015), ***Einfluß von CO_2 auf Flora und Fauna***: https://www.youtube.com/watch?v=UiRRrMUaSb8

[4e2] Prof. W. Kirstein (Vortrag 16.8.17), ***Heilige Kuh Klimawandel***: https://nuoviso.tv/allgemein/heilige-kuh-klimawandel-prof-dr-werner-kirstein/

[4e3] Prof. Kirstein (Vortrag 25.11.17), ***Der politogene Klimawandel***: https://www.anti-zensur.info/azk14/politischerklimawandel

 [4e4] RT Deutsch: Exklusivinterview zum Klimawandel mit Prof. Kirstein: "*CO_2 ist harmlos*",(17.6.2017) https://www.youtube.com/watch?v=hPVT7iihMTs

[4e5] http://scienceblogs.de/primaklima/2010/10/15/klimaschmock-september-2010-professor-kirstein-und-die-uni-leipzig/

[4e6] https://www.klimamanifest-von-heiligenroth.de/wp/prof-dr-werner-kirstein-oder-heilige-kuehe-in-markkleeberg-20170928/#kritik9

[4f1] Prof. F.-K. Ewert, Vortrag *über globale Temperaturmessungen*, (11.Nov 2015), https://www.youtube.com/watch?v=uR8X2UhS0Fk

[4f2] Prof. F.-K. Ewert (Vortrag Nov. 2018), *CO_2 verringern – Das Gegenteil wäre richtig*: https://www.eike-klima-energie.eu/wp-content/uploads/2018/12/Teil-I-Ewert-M%C3%BCnchen-Nov-2018.pdf

[4g1] Dr. Sebastian Lüning: ***Die versteckten Treiber des Klimawandels finden und verstehen***, EIKE (Vortrag am 28.06.2014), https://www.youtube.com/watch?v=l9NRsB6TMlg

[4g2] Dr. Sebastian Lüning: ***"Der Weltklimarat ist politisch nicht unabhängig"*** *- Geologe zur einseitigen Klimaforschung*, https://www.youtube.com/watch?v=qBHHFhyV898

[4h1] Dipl. Ing. Michael Limburg: ***"Klimaschutz ist eine absurde Idee"***, Interview (9.6.2017), https://www.youtube.com/watch?v=N-0Md4WSe-g

[4h2] Michael Limburg: ***Es ist vorbei - Der Klimaalarmismus als Folge 120 Jahre alter Fehler***, EIKE (Vortrag am 9./10.11.2017), https://www.youtube.com/watch?v=QX_rZ7GY6s0

[4i] Dr. Camille Veyres (Vortrag 20.11.2018), ***Elf Tatsachen*** *die man wissen muss, um nicht an den menschengemachten Klimawandel zu glauben*, https://www.eike-klima-energie.eu/wp-content/uploads/2018/12/Veyres-M%C3%BCnchen-Nov-2018-final-20-XI-2018-slides.pdf

[4k] Prof. Dr. Jörn Thiede (Geomar Helmholtz-Zentrum für Ozeanforschung Kiel, Uni Kiel), *Zeittakt von Eiszeiten: Was steht uns bevor?*, Vorlesung an der Uni Konstanz ((19.11.2018), https://www.youtube.com/watch?v=M3B4hpM6v5Q

[4m] Dr. Stefan Kröpelin, *Die Grüne Vergangenheit der Sahara*, EIKE (Vortrag am 24.11.2018), https://www.youtube.com/watch?v=JcsSHPjdsOo

[4p] Dr. Benny Peiser, *Energy Poverty in Europe*, 2018 Portsmouth Conference, https://www.youtube.com/watch?v=52zhwJSTHz4

Ergänzungen zu Politik

 [4q] M. Ebell, *Climate Change Narrative is Driven by Agenda of Political Control,* https://www.youtube.com/watch?v=xRXzfJVcV6s

[4r1] Günter Ederer: *Auf dem Weg in die Ökoplanwirtschaft*, (Vortrag 11./12.11.2016 in Berlin), https://www.youtube.com/watch?v=TYvoSxgBACg
[4r2] Günter Ederer: *Fakten statt Propaganda – zur Machtfrage durch Klimapropaganda,* (Vortrag am 6./7.11.2017 in Düsseldorf), https://www.youtube.com/watch?v=9z-kc1AFbXg
[4s1] G. Ederer, (22-24.7.2019), https://www.achgut.com/artikel/Klima_Klima_ueber_alles_1
[4s2] https://www.achgut.com/artikel/Klima_Klima_ueber_alles_2
[4s3] https://www.achgut.com/artikel/Klima_Klima_ueber_alles_3

[4t] Prof. Hans-Werner Sinn, *Energiewende ins Nichts,* (Universitätsöffentlicher Vortrag an der LMU München am 16.12.2013), https://www.youtube.com/watch?v=jm9h0MJ2swo

[4u] https://www.klimafragen.org/ (2020)
[4u1] https://www.klimafragen.org/*16-Klimafragen*.pdf

[4v] https://planetofthehumans.com/
[4v1] https://kopp-report.de/*planet-of-the-humans-michael-moore-rechnet-mit-energiewende-ab*/ (9.5.2020)

[4x] *Held der Klimabewegung wird zum Ketzer*, https://www.journalistenwatch.com/2020/07/24/auf-scheiterhaufen-held/

Klimageschichte, sonstige Klimaeinflüsse, Sonne, etc.

[5-0a] https://de.wikipedia.org/wiki/*Klimageschichte* (7.5.2020)

[5-0b] https://wiki.bildungsserver.de/klimawandel/index.php/
Kohlendioxid_in_der_Erdgeschichte,   (21.1.2020)
[5-0c] https://wiki.bildungsserver.de/klimawandel/index.php/
Aktuelle_Klima%C3%A4nderungen,   (18.8.2020)

[5a] WUWT (June 24, 2012), *HH Lamb–"**Climate: Present, Past &
Future**–Vol 2"– Review–Part I*
https://wattsupwiththat.com/2012/06/24/hh-lamb-climate-present-past-
future-vol-2-in-review-part-i/

Sonne

[5b1] H-J Lüdecke and C-O Weiss, ***Harmonic Analysis of Worldwide
Temperature Proxies for 2000 Years,*** The Open Atmospheric Science
Journal, 2017, 11,
https://benthamopen.com/contents/pdf/TOASCJ/TOASCJ-11-44.pdf

[5b2] Lüdecke & Weiss, ***Warum und wie ändert sich das Erdklima?***
https://www.eike-klima-energie.eu/2019/06/22/warum-und-wie-
aendert-sich-das-erdklima/

[5c] N. Scafetta (19 March 2012)), *Multi-scale harmonic model for
solar and climate cyclical variation throughout the Holocene based on
Jupiter-Saturn tidal frequencies plus the 11-year solar dynamocycle* :
https://arxiv.org/pdf/1203.4143.pdf

[5d] U. Kulke (26.6.2018):
https://www.achgut.com/artikel/die_*sonnenallergie_der_klimaforscher*

[5e1] Svensmark, Enghoff, Shaviv, *Increased ionization supports
growth of aerosols into cloud condensation nuclei*, Nature
Communications **8**, Article number: 2199 (19. Dec 2017)
https://www.nature.com/articles/s41467-017-02082-2

[5e2] Svensmark: ***Der Einfluss kosmischer Strahlung auf das Klima***,
https://www.eike-klima-energie.eu/2018/03/10/prof-dr-henryk-
svensmark-der-einfluss-kosmischer-strahlung-auf-das-klima-teil-ii-11-
ikek/, (10.3.2018)

[5f] Science News, (Kobe University, Japan), *Winter monsoons became
stronger during geomagnetic reversal. **Revealing the impact of cosmic
rays on the Earth's climate***, (July 3, 2019)
https://www.sciencedaily.com/releases/2019/07/190703121407.htm

[5g] ***Chinesische Wissenschaftler warnen vor globaler Abkühlung***,
https://www.achgut.com/artikel/chinesische_wissenschaftler_warnen_v
or_globaler_abkuehlung , (16.8.2019)

[5h] https://sciencefiles.org/2019/08/19/*der-nachste-Riss-in-der-Klimawandel-erzahlung*-studie-findet-*Zusammenhang-zwischen-Sonnenaktivitat-und-Niederschlagsmenge*/

[5i] https://sciencefiles.org/2019/10/06/Brrr-*Anzeichen-fur-kleine-Eiszeit-verdichten-sich-NASA-meldet-schwachsten-Sonnenzyklus-der-letzten-200-Jahre*/

[5j1] https://sciencefiles.org/2019/09/15/*milankovitch-zyklen*-sonnenverursachter-klimawandel-es-wird-kalter/

[5j2] https://sciencefiles.org/2020/02/12/uberraschung-die-sonne-treibt-den-kohlenstoffzyklus-und-das-klima-neue-studie/

[5j3] https://www.achgut.com/artikel/neue_studie_kuehlt_sich_die_erde_bald_erheblich_ab, (1.8.2019)

[5j4] https://sciencefiles.org/2020/09/04/klima-kalter-nicht-warmer-solares-minimum-hat-versorgungsprobleme-im-schlepptau-neue-studie/

[5j5] Valentina Zharkova, *Modern Grand Solar Minimum will lead to terrestrial cooling*, (4. Aug 2020), https://www.tandfonline.com/doi/full/10.1080/23328940.2020.1796243

[5j6] Dr. V. Zharkova, *How the sun affects temperatures on Earth*, https://www.youtube.com/watch?time_continue=1&v=JyyuouPSNEA&feature=emb_logo , (10.10.2019)

[5k] *Sun & Climate Moving in Opposite Directions*, https://skepticalscience.com/solar-activity-sunspots-global-warming-advanced.htm , (updated 6 Aug 2015),

[5L] https://sciencefiles.org/2020/04/14/*solares-minimum*-vermehrte-vulkantatigkeit-kleine-eiszeit-zieht-euch-warm-an/

[5m] Ulrich Arnold, *Ursachen des Klimawandels – eine „Ketzerei" aus aktuellem Anlaß*, (14. Sep 2019), https://conservo.wordpress.com/2019/09/14/ursachen-des-klimawandels-eine-ketzerei-aus-aktuellem-anlass/ (Wolken-Einfluß)

[5n] *The .. European heat and drought of 1540 – a worst case,* https://link.springer.com/article/10.1007/s10584-014-1184-2 , (28.6.14)

[5n1] https://www.spiegel.de/wissenschaft/natur/hitze-und-duerre-1540-katastrophe-in-europa-im-mittelalter-a-978654.html

[5p] Syun-Ichi Akasofu, *On the recovery from the Little Ice Age*, Natural Science Vol.2, No.11, 1211-1224 (2010), https://www.researchgate.net/publication/266037018_On_the_recovery_from_the_Little_Ice_Age#fullTextFileContent

[5p1] http://www.wright.edu/~guy.vandegrift/climateblog/s06/akasofu.LIAge.pdf

Permafrost

[5q1] https://kaltesonne.de/ist-der-permafrostboden-in-gefahr-vielleicht-in-ein-paar-tausend-jahren/ , (30.12.2012)

[5q2] Georg Delisle, ***Near-surface permafrost degradation: How severe during the 21stcentury?***, Geophysical Res. Letters, Vol. 34, L09503, doi:10.1029/2007GL029323, (10.5.2007), https://pdfs.semanticscholar.org/f0c8/580887fda76edb6f541150860f318714a84d.pdf

[5q3] Xiang Gao et al, ***Permafrost degradation and methane: low risk of biogeochemical climate-warming feedback***, Environmental Research Letters, Volume 8, Number 3, (10 July 2013), https://iopscience.iop.org/article/10.1088/1748-9326/8/3/035014

[5q4] Spektrum der Wissenschaft, Feb 2015, (24.2.2015) https://www.spektrum.de/magazin/***permafrost-die-grosse-unbekannte-***im-klimawandel/1327780

[5q5] https://kaltesonne.de/spektrum-der-wissenschaft-klimagefahr-durch-auftauenden-permafrostboden-wurde-uberschatzt/, (13.5.2015)

[5q6] Schuur et al., ***Climate change and permafrost carbon feedback***, Nature, volume 520, pages 171–179 (9 Apr 2015), https://www.nature.com/articles/nature14338

Konsens? – "postnormale" Wissenschaft

[6] J. Cook et al., ***Quantifying the consensus*** *on anthropogenic global warming in the scientific literature,* Environment Research Letters, Vol. 8, No 2, (15 May 2013) https://iopscience.iop.org/article/10.1088/1748-9326/8/2/024024

[6a] D. Henderson, ***1.6%, Not 97%, Agree that Humans are the Main Cause of Global Warming***, EconLog – The Library of Economics and Liberty, (March 1, 2014) https://www.econlib.org/archives/2014/03/16_not_97_agree.html

[6b] ***97 Articles Refuting the "97% Concensus"*** (Dec 2014) : http://www.populartechnology.net/2014/12/97-articles-refuting-97-consensus.html

[6c] R.S.J. Tol, ***Comment on 'Quantifying the consensus*** *on anthropogenic global warming in the scientific literature',* Environment Research Letters, Vol. 11, No 4, (13 April 2016) https://iopscience.iop.org/article/10.1088/1748-9326/11/4/048001

[6d] *Der nächste Klima-Mythos fällt: **Es gibt keinen 97%-Konsens zum menschengemachten Klimawandel*** (15.7.2019): https://sciencefiles.org/2019/07/15/der-nachste-klima-mythos-fallt-es-gibt-keinen-97-konsens-zum-menschengemachten-klimawandel/

[6e] Holger Douglas, ***Vorsicht, wenn sich 97 Prozent aller Wissenschaftler einig sind,*** Tichys Einblick (5. Aug. 2019), https://www.tichyseinblick.de/meinungen/vorsicht-wenn-sich-97-prozent-aller-wissenschaftler-einig-sind/

[6f] ***Klimapolitik – Das Märchen vom wissenschaftlichen Konsens*** (12.8.19) https://www.journalistenwatch.com/2019/08/12/klimapolitik-das-maerchen/

[6g] ***Eminent Physicists Skeptical of Anthropogenic Global Warming***:http://www.populartechnology.net/2010/07/eminent-physicists-skeptical-of-agw.html

[6h] ***Mainauer Deklaration 2015*** zum Klimawandel, unterzeichnet von 71 Nobelpreisträgern: https://de.wikipedia.org/wiki/Mainauer_Deklarationen, (13.10.2019)

[6i0] Prof. Guus Berkhout, ***There is no climate emergency,*** Text des Offenen Briefs an den Generalsekretär der UNO (23.9.2019), https://clintel.nl/wp-content/uploads/2019/09/ecd-letter-to-un.pdf

[6i1] Dr. M. Schwarz, ***500 Wissenschaftler erklären: „Es gibt keinen Klimanotfall“***, Tichys Einblick (26. Sep 2019), https://www.tichyseinblick.de/daili-es-sentials/500-wissenschaftler-erklaeren-es-gibt-keinen-klimanotfall/

[6i2] Fritz Vahrenholt, TichysEinblick (15.10.2019), https://www.tichyseinblick.de/daili-es-sentials/***wie-Correctiv-und-Facebook-gemeinsam-Fake-News-produzieren/***

[6j] ***Wissenschaftler die dem anthropogenen Klimawandel widersprechen***, ScienceFiles (17.8.2019), https://sciencefiles.org/2019/08/17/von-wegen-mietmauler-wissenschaftler-die-dem-anthropogenen-klimawandel-widersprechen/

[6k] ***Let's Talk About The '97% Consensus' On Global Warming***, https://dailycaller.com/2017/03/05/lets-talk-about-the-97-consensus-on-global-warming/, (5.3.2017),

[6m] https://www.welt.de/welt_print/article1210902/Die-Klimaforscher-sind-sich-laengst-nicht-sicher.html , (25.9.2007)

[6n] D. Bray & H. von Storch, *The Perspectives of Climate Scientists on Global Climate Change,* Institute for Coastal Research GKSS Forschungszentrum Geesthacht (2007), http://www.hvonstorch.de/klima/pdf/GKSS_2007_11.pdf

[6p1] W J Ripple C Wolf et al, *World Scientists' Warning of a Climate Emergency*, (5 Nov 2019) https://academic.oup.com/bioscience/advance-article/doi/10.1093/biosci/biz088/5610806

[6p2] *11.000 Forscher weltweit warnen vor "Klima-Notfall"* https://www.focus.de/wissen/klima/unsaegliches-menschliches-leid-nicht-mehr-zu-verhindern-forscher-warnen-vor-klima-notfall_id_11312582.html , Focus-online (5.11.2019),

[6p3] https://sciencefiles.org/2019/11/06/klimanotstand-ist-wissenschaftsnotstand-11-258-namen-die-als-wissenschaftler-ausgegeben-werden-wollen-sozialismus-durchsetzen/

[6p4] https://www.achgut.com/artikel/Wie_11.000_wissenschaftler_implodieren, (8.11.2019)

[7] Principia Scientific International (5.8.2013) : https://principia-scientific.org/*top-climatologist-admits-it-s-post-normal-science*/

Climagate, Michael Mann, Al Gore, Schellnhuber, Rahmstorf, PIK

[8] *Climagate Resource* (21.11.2009), : https://www.tapatalk.com/groups/populartechnology/*climategate-resource*-t3570.html

[8a] C. Booker, *Climate change: this is the worst scientific scandal of our generation*, The Telegraph (28 Nov 2009), https://www.telegraph.co.uk/comment/columnists/christopherbooker/6679082/Climate-change-this-is-the-worst-scientific-scandal-of-our-generation.html

[8b] A.W.Montford, *Hiding the Decline. A history of the Climategate affair*: http://www.bishop-hill.net/hiding-the-decline/

[8c] Stephen McIntyre and Ross McKitrick, *Climategate Untangling Myth and Reality TenYears Later*, (5 December 2019,) https://www.rossmckitrick.com/uploads/4/8/0/8/4808045/climategate.10yearsafter.pdf

[8d] https://sciencefiles.org/2020/02/03/10-jahre-**climategate**-der-klima-betrug-geht-unvermindert-weiter/

[9] Michael **Mann** & Raymond **Bradley** & Malcolm **Hughes**, *Global-scale temperature patterns and climate forcing over the past six centuries*, Nature Vol 392, 23 April 1998,779-787 http://www.meteo.psu.edu/holocene/public_html/shared/articles/mbh98.pdf

[9a] S. McIntyre & R. McKitrick, ***Corrections to*** *the* ***Mann*** *et. al.(1998) Proxy data base and northern hemispheric average temperature series*, Energy & Environment, Vol 14, 2003, 751-71 http://www.uoguelph.ca/~rmckitri/research/MM03.pdf

[9b] ***'Hockey stick' graph creator Michael Mann cleared of academic misconduct***, The Guardian (3 Feb 2010), https://www.theguardian.com/environment/2010/feb/03/climate-scientist-michael-mann

[9c] Bishop Hill (Aug 11, 2008), Caspar and the Jesus paper , ("die Debatte .. gleicht eher einem Krimi ... als der bloßen Kollision ... wissenschaftlicher Interpretationen" [3m])

[9c1] Principia Scientific (23 Aug 2019), ***Breaking News: Dr Tim Ball Defeats Michael Mann's Climate Lawsuit!***, https://principia-scientific.org/breaking-news-dr-tim-ball-defeats-michael-manns-climate-lawsuit/

[9c2] Roger Letsch, ***Ein Pokerspiel um Hockeystick und Klimakatastrophe***, Ub Institut für Meinungsvielfalt & politischen Exorzismus, (31. August 2019): https://unbesorgt.de/ein-pokerspiel-um-hockeystick-und-klimakatastrophe/

[9d] IPCC: ***Climate Change 2001: Work Group I: Scientific Basis. Chapter 2.3.2.2: Multi-proxy synthesis of recent temperature change***, https://web.archive.org/web/20060927145243/http://www.grida.no/climate/ipcc_tar/wg1/069.htm#2322

[9e] ScienceSkepticalBlog (29.11.2009), ***Michael Mann and the Medieval Warm Period*** *– From Denial to Acceptance?* http://www.science-skeptical.de/blog/michael-mann-and-the-mwp-from-denial-to-acceptance/001310/

[9f] ScienceSkepticalBlog (30.11.2009), ***The Medieval Warm Period –*** *a global phenomenon. Unprecedented warming or data manipulation?* http://www.science-skeptical.de/blog/the-medieval-warm-period-%e2%80%93-a-global-phenomenon-unprecedented-warming-or-unprecedented-data-manipulation/001342/

[9g] Climate Science Defend Fund,   https://www.csldf.org/

[9h] https://en.wikipedia.org/wiki/***Hockey_stick_controversy***, (11.8.20)

[9k1] A. Wendt, ***Das Elend des deutschen Klima-Alarmismus,*** ([34a])
[9k2] Alexander Wendt, (14.10.2019), https://www.publicomag.com/2019/10/das-elend-des-deutschen-klima-journalismus-ein-widerspruch-und-eine-antwort/

[9m0] https://wattsupwiththat.com/2015/08/11/***A-Review-of-Steyns-Scathing-New-Book-about-Michael-Mann-a-Disgrace-to-the-Profession***/

[9m1] Mark Steyn (ed.), ***"A Disgrace to the Profession"***. *The World's Scientists on Michael Mann his Hockey Stick and their Damage to Science,* (Sep 1, 2015)

[10] **IPCC**, 2019, Sachstandsbericht 2019 (in Bearbeitung, zum Download), https://www.ipcc.ch/srccl-report-download-page/

[10a] **IPCC**, 2013: ***Climate Change 2013***: *The Physical Science Basis. Contribution of Working Group I to the* ***Fifth Assessment Report of the IPCC***: https://www.ipcc.ch/report/ar5/wg1/

[10b] **IPCC**, *Klimaänderung 2013. Naturwiss.Grundlagen.* ***Zusammenfassung für politische Entscheidungsträger*** (5. Sachstandsbericht): https://www.ipcc.ch/site/assets/uploads/2018/03/ar5-wg1-spmgerman.pdf

[10c] ScienceSkepticalBlog, ***IPCC-Bericht: Politisierte Wissenschaft***: http://www.science-skeptical.de/klimawandel/der-ipcc-bericht-politisierte-wissenschaft/0010833/

[10d] Dr. T. Ball, ***IPCC Prediction Of Severe Weather Increase Based On Fundamental Error***, WUWT (2.11.2014), https://wattsupwiththat.com/2014/11/02/ipcc-prediction-of-severe-weather-increase-based-on-fundamental-error/

[10e] Dr. T. Ball, ***How Does The IPCC Explain the Severe Storms Of History?***, WUWT (19.8.2015), https://wattsupwiththat.com/2015/08/19/how-does-the-ipcc-explain-the-severe-storms-of-history/

[10f] William Engdahl, *World Extreme Weather: Is it Man or Something Else?*, GlobalResaerch (Aug 27, 2019) https://www.globalresearch.ca/world-extreme-weather-man-something-else/5687280

[11] Dr. Marlo Lewis, *Al Gore's Science Fiction: A Skeptic's Guide to An Inconvenient Truth*, Competitive Enterprise Institute (March 16, 2007); Download (154 S. Pdf-File) unter: https://cei.org/studies-other-studies/al-gores-science-fiction-skeptics-guide-inconvenient-truth

[11a] https://www.eike-klima-energie.eu/2016/05/15/eine-unbequeme-ueberpruefung-*10-jahre-spaeter-ist-al-gores-film-noch-immer-alarmierend-falsch*/

[11b] Dr. Jay Lehr, *The building of Gore's widely accepted climate fraud*, CFact (May 14, 2019), https://www.cfact.org/2019/05/14/the-building-of-al-gores-widely-accepted-climate-fraud/

[11b1] (dt. Übersetzung:) https://www.eike-klima-energie.eu/2019/05/19/al-gores-konstruktion-des-so-breit-akzeptierten-klima-betrugs/

[11c] *How Al Gore amassed a $200-million fortune after presidential defeat* (May 6, 2013) https://business.financialpost.com/news/how-al-gore-amassed-a-200-million-fortune-after-presidential-defeat#comments-area

[11d] https://www.klimafakten.de/behauptungen/behauptung-al-gores-film-eine-unbequeme-wahrheit-ist-voller-fehler

[11e] https://www.eike-klima-energie.eu/2018/04/11/*harald-leschs-klimavideo-restlos-widerlegt*/

[11f] https://www.eike-klima-energie.eu/2016/07/03/*zdf-wissenschaftserklaerer-harald-lesch*-gegen-die-afd-*mogeln-tricksen-taeuschen*/

[11g] Dr. Horst Lüning, *Prof. Lesch und die Öffentlich Rechtlichen Medien - Wissenschaft oder rot-grünes Sprachrohr?* https://www.youtube.com/watch?v=HP3IhTemvig

[11h] Prof. Dr. rer. nat. Klaus-Dieter Döhler et al. https://www.eike-klima-energie.eu/2020/11/01/*offener-brief-an-professor-harald-lesch-bezueglich-seines-co2-experiments-am-ende-der-terra-x-sendung-vom-18-oktober-2020-im-zdf*/

[11j] *10 unbequeme Wahrheiten über "Klimapapst" H J Schelln-huber*, Ein Film in 11 Teilen von Rainer Hoffmann, (27.08.2013), https://www.youtube.com/watch?v=KjKlcWs9qi4&list=PLdpbkJ-lqRilBvNtzbHHxfezn7xK-Uro_&index=1

[11k] Alexander Wendt, Publico (30.4.2019); https://www.publicomag.com/2019/04/*in-diesem-Tagesspiegel-Interview-stecken-70-Tonnen-Fake*/

[11m1] https://klimakatastrophe.wordpress.com/2008/03/16/*Prof-Rahmstorf-und-der-verzweifelte-Versuch-die-Klimaerwarmung-zu-retten*/

[11m2] https://klimakatastrophe.wordpress.com/2009/01/23/*wie-Stefan-Rahmstorf-an-den-Klimadaten-"dreht"*/

[11n0] https://kaltesonne.de/immer-wieder-gerne-*stefan-rahmstorf-und-sein-sonnentrick*/ , (7.10.2017)

[11n1] Rahmstorf: *„Das ist ein Wettlauf gegen die Zeit geworden"*, https://www.deutschlandfunk.de/*steigender-meeresspiegel*-das-ist-ein-wettlauf-gegen-die.697.de.html?dram:article_id=476307 (8.5.2020)

[11n2] Roger Letsch (13.5.20) https://unbesorgt.de/*der-verbesserte-rahmstorf-alarm*-ist-endlich-da/

[11p1] https://www.spiegel.de/wissenschaft/natur/streit-mit-skeptikern-*die-rabiaten-methoden-des-klimaforschers-rahmstorf*-a-505095.html (12.9.2007)

[11p2] https://www.spiegel.de/wissenschaft/natur/*stefan-rahmstorf-verurteilt*-eklat-um-klimaberater-der-bundesregierung-a-796623.html (1.12.2011)

Klimamodelle

[12a] *Circular reasoning with climate models*, CFact (March 1, 2019), https://www.cfact.org/2018/03/01/circular-reasoning-with-climate-models/
[12a1] (dt.) https://www.eike-klima-energie.eu/2018/03/14/*Zirkelschluesse-der-Klimamodelle*/

[12b] https://wattsupwiththat.com/2013/10/07/*ipcc-still-delusional-about-carbon-dioxide*/, Bob Tisdale, WUWT (Oct 7, 2013)
[12b1] (dt. Übers.) https://www.eike-klima-energie.eu/2013/10/18/ipcc-immer-noch-von-kohlendioxid-besessen/

[12c] https://sciencefiles.org/2019/03/04/*Klimawandel-Modelle-sind-Junk*/

[12d] *Drastische Mängel der Klimamodelle*, Epochtimes (25.Sep 19)
https://www.epochtimes.de/genial/wissen-genial/fehleranalyse-zeigt-unzuverlaessigkeit-globaler-temperaturprognosen-klimamodelle-abweichung-a3012168.html , (s. a. Originalarbeit [1k])

[12e] https://principia-scientific.org/*Computer-Modelling-of-Future-Climate*/

Fehlprognosen, Alarmismus

[13] D. Koutsoyiannis et al., *On the credibility of climate predictions*, Hydrological Sciences Journal, 53(4) August 2008
http://www.itia.ntua.gr/en/getfile/864/1/documents/2008HSJClimPredictions.pdf

[13a1] Popular Technology (Feb 28, 2013), *1970s Global Cooling Alarmism*, http://www.populartechnology.net/2013/02/the-1970s-global-cooling-alarmism.html

[13a2] Time (Dec 3, 1973), *The Big Freeze*:
http://content.time.com/time/covers/0,16641,19731203,00.html

[13b] *Als uns vor 30 Jahren eine neue Eiszeit drohte*:
https://www.welt.de/wissenschaft/umwelt/article5489379/Als-uns-vor-30-Jahren-eine-neue-Eiszeit-drohte.html , (10.12.2009)

[13c] Spiegel (19.1.2010): *Winter ade. Nie wieder Schnee.*
https://www.spiegel.de/wissenschaft/mensch/winter-ade-nie-wieder-schnee-a-71456.html

[13d] Spiegel (19.1.2010):
https://www.spiegel.de/wissenschaft/natur/*recherchepanne-weltklimarat-schlampte-bei-gletscher-prognosen*-a-672709.html

[14a] Epochtimes (4. August 2019),
https://www.epochtimes.de/umwelt/wetter/joerg-kachelmann-ueber-90-prozent-aller-geschichten-ueber-wetter-und-klima-sind-falsch-oder-erfunden-a2961158.html

[14b] https://www.focus.de/wissen/klima/*klimakatastrophe-forscher-sehen-menschheit-mitte-des-jahrhunderts-am-ende*_id_10802940.html , Focus, (6.6.2019)

[14c] H. Douglas, *Medien:»Klimawandel setzt die Welt in Brand«*,
https://www.tichyseinblick.de/feuilleton/medien/medien-klimawandel-setzt-die-welt-in-brand/, (24.7.19),

[14d] Prof. N.-A. Mörner (head of Paleogeophysics & Geodynamics dep. at Stockholm Uni) Interview, EIR (June 22, 2007), p. 33-37, ***Claim That Sea Level Is Rising Is a Total Fraud*** http://www.climatechangefacts.info/ClimateChangeDocuments/NilsAxelMornerinterview.pdf

[14e] A. Watts, ***The ever receding climate goalpost: IPCC and Al Gore "12 years to save the planet" (again)***, WUWT (Oct 8, 2018), https://wattsupwiththat.com/2018/10/08/the-ever-receding-climate-goalpost-ipcc-and-al-gore-12-years-to-save-the-planet-again/

[14f1] https://www.focus.de/wissen/klima/meere-wirken-als-waermepuffer-cola-effekt-alarmiert-ozeanforscher-***erderwaermung-ist-weit-groesser-als-bekannt***_id_9851148.html   (5.11.2018)

[14f2] https://sciencefiles.org/2019/09/27/***klimakatastrophe-abgesagt-***wissenschaftlicher-konsens-entpuppt-sich-als-falsch/

[14g1] ***120 years of climate scares***, American Thinker (4. Aug 2014), https://www.americanthinker.com/blog/2014/08/120_years_of_climate_scares.html#ixzz61S2JTpnW

[14g2] ***120 Jahre Klimahysterie***, Jouwatch (7.10.2019), https://www.journalistenwatch.com/2019/10/07/jahre-klima-hysterie/

[14h] Roger Letsch, ***Der Planet kippt just in time***, Achgut (29.11.2019), https://www.achgut.com/artikel/der_planet_kippt_just_in_time

Psychologie und Marketing-Strategie

[15] D. Schwarzenberg, Alexander Wendt: ***Die Psychologie des grünen Erfolgs***, (30.5.2019), https://www.publicomag.com/2019/05/publico-dossier-die-psychologie-des-gruenen-erfolgs/

[15a] ***Greenwashing – Die dunkle Seite der CSR*** *(Corporate Social Responsibility)*, Reset (Juli 2009, aktualisiert Nov 2018) https://reset.org/knowledge/greenwashing-%E2%80%93-die-dunkle-seite-der-csr

[15b] ***Greenwash in Zeiten des Klimawandels. Wie Unternehmen ihr Image grün färben***, LobbyControl - Initiative für Transparenz und Demokratie (Studie November 2007) https://www.lobbycontrol.de/download/greenwash-studie.pdf

[15c] ***Pesticides: Myths & Facts***, PAN (Pesticide Action Network), http://www.panna.org/pesticides-big-picture/myths-facts

[15d] Roger Letsch, *Weltrettungs-Labels: Grünwaschen und Geld drucken*, Achgut (18.10.2019),
https://www.achgut.com/artikel/weltrettungs_labels_gruen_waschen_und_geld_drucken

[15x] *Der ultimative Beweis: Gleichgeschaltete Presse – „Covering Climate Now"*, (24.11.2019)
https://www.journalistenwatch.com/2019/11/24/der-beweis-gleichgeschaltete/

Greta Thunberg, Fridays for Future, Extinction Rebellon

[16] W. Weiner, *Die erstaunlichen Geschäfte der Greta Thunberg-Lobby*, TheEuropean (14.8.19),
https://www.theeuropean.de/wolfram-weimer/greta-und-die-geschafte-ihrer-hintermanner/

[16a] Jürgen Fritz, *Klimaschutzschwindel: So wird Angst geschürt*, (7.6. 17), https://juergenfritz.com/2017/06/07/klimaschutzschwindel/

[16b] Jürgen Fritz, *Fridays for Future: Wer in Wahrheit dahinter steckt*, (18.4.19), https://juergenfritz.com/2019/04/18/fridays-for-future-wer-dahinter-steckt/

[16c0] https://www.tichyseinblick.de/meinungen/die-marke-fridays-for-future-und-neue-ungereimtheiten/, (24.4.2019)

[16c1] *Fridays for future mausert sich zum Konzern,*
https://www.tichyseinblick.de/daili-es-sentials/bestaetigt-*fridays-for-future-wird-monetarisiert*/ ,(24.7.2019),

[16d] Tichys Einblick (20.8.2019), *Gretas Milliardäre – Millionen für den Klimaaufstand*
https://www.youtube.com/watch?v=QX_rZ7GY6s0

[16e] Epochtimes (19. Juli 2019), *Wahrheit basiert auf Tatsachen – das gilt auch für „Fridays for Future" – Ein Kommentar*,
https://www.epochtimes.de/meinung/gastkommentar/wahrheit-basiert-auf-tatsachen-das-gilt-auch-fuer-fridays-for-future-ein-kommentar-a2946538.html

[16f] Epochtimes (22.8.2019),
https://www.epochtimes.de/meinung/analyse/von-extinction-rebellion-zum-climate-energy-fund-hinter-dem-oekofaschismus-steht-das-kapital-a2978239.html

[16g] S. Briellmann, *Die Hybris der Hysterischen*, Basler Zeitung (28.9.2019)
https://www.bazonline.ch/die-hybris-der-hysterischen/story/19129479

[16h] Martin Lichtmesz, *Gretas Apokalypse – und meine*, Sezession im Netz (26.9.2019),
https://sezession.de/61597/gretas-apokalypse-und-meine

[16i1] H. Diefenbach, (4.10.2019),
https://sciencefiles.org/2019/10/04/*Fridays-for-Future-und-der-Kinderkreuzzug-zur-Rettung-des-Erdklimas-Ersatzrituale-fur-Statusniedrige*/

[16i2] M. Klein, (4.10.2019),
https://sciencefiles.org/seniority/topic/*Maturity-Rebellion-der-Klima-Traum-von-der-ewigen-Kindheit*/?part=1#postid-1677

[16i3] Tichys Einblick (20.9.2019),
https://www.tichyseinblick.de/meinungen/*Klimastreik-erlaubt-gewollt-und-abgesichert-Willkommen-bei-der-Staats-demo*/

[16i4] A. Wendt, *Streikende ließen sich auf der Hamburger Klima-Demo nicht finden*, Publico (21.9.2019),
https://www.publicomag.com/2019/09/*im-naechsten-sozialismus-wird-alles-besser-und-andere-systemfehler*/

[16j1] *Greta Thunbergs radikalere Version? Sea-Watch Kapitänin Rackete entdeckt den Klimaaktivismus*, RT-Deutsch (1.10.2019)
https://deutsch.rt.com/inland/92969-sea-watch-kapitanin-rackete-schult/

[16j2] https://www.focus.de/politik/deutschland/gastkommentar-von-hugo-mueller-vogg-*Umwelt-rebellen-blockieren-Berlin-Extinction-Rebellion-opfert-notfalls-die-Demokratie-fuers-Klima*_id_11213927.html , (7.10.2019),

[16j3] http://www.pi-news.net/2019/10/extinction-rebellion-der-klima-angriff-auf-die-autofahrer/ ,(7.10.2019),

[16k1] https://sciencefiles.org/2019/10/07/*Extinction-Rebellion-Teil-eines-Aktivistensumpfes-mit-gesellschaftlichem-Umsturz-als-Ziel*/

[16k2] https://sciencefiles.org/2019/10/07/*bezahlte-Aktivisten-in-Berlin-Extinction-Rebellen-Rebellieren-fur-Bares*/

[16k3] *Extinction Rebellion: Entlarvung in 11 Minuten*, (14.10.19),
https://www.achgut.com/artikel/*extinction_rebellion_entlarvung_in_11_minuten*

[16m0] A. Meschnig, *Die Greta-Apokalypse kennt keine Erlösung*, (21.9.2019), https://www.achgut.com/artikel/ die_greta_apokalypse_kennt_keine_erloesung

[16m1] Caroline Sommerfeld, *Extinction Rebellion (Teil I),* Sezession (7. Nov 2019), https://sezession.de/61772/extinction-rebellion-teil-i-xr-und-ib

[16m2] C Sommerfeld, Sezession (8. Nov 2019), https://sezession.de/61774/*Extinction-Rebellion-Teil-II-Taeuschung-und-Offenbarung*

[16m3] C Sommerfeld, Sezession (9. Nov 2019), https://sezession.de/61775/*Extinction-Rebellion-Teil-III-Offenbarungsersatz*

[16n1] *Greta Thunberg's speech to UN strangely resembles a 1992 UN speech by 12-year-old Severn Cullis-Suzuki*, American Thinker (28 Sep 2019), https://www.americanthinker.com/blog/2019/09/ greta_thunbergs_speech_to_un_strangely_resembles_a_1992_un_spee ch_by_12yearold_severn_cullissuzuki.html

[16n2] *Gegenwind für Greta:* Friedensnobelpreis futsch, und *UN-Wutrede entpuppt sich als Plagiat*, Jouwatch (11. Okt 2019), https://www.journalistenwatch.com/2019/10/11/gegenwind-greta-friedensnobelpreis/

[16p] Anti-Spiegel,(1.10.2019), https://www.anti-spiegel.ru/2019/Beispiel-Greta-Klima-und-*Umfragewerte-der-Gruenen-wie-Propaganda-funktioniert-und-wirkt/*

[16q] Welt (31.12.19), https://www.welt.de/vermischtes/article204670508/Vater-von-Greta-Thunberg-Habe-es-nicht-getan-um-das-Klima-zu-retten.html

[16r] *Greta und ihre „Kritiker" – woher kommt all die Boshaftigkeit* auf etwas, das eigentlich doch nur positiv ist,? (31.7.2019) https://www.nachdenkseiten.de/?p=53877&pdf=53877

politische Hintergründe

[17a] Umweltbundesamt (2019), *Wirtschaftliche Chancen durch Klimaschutz* (Download, 23 S.): https://www.umweltbundesamt.de/sites/default/files/medien/1410/publi kationen/2019-05-07_texte_15-2019_chancen-klimaschutz_kurzbericht_de.pdf

[17b] Bundesministerium für Wirtschaft und Technologie (BMWi), *Energiekonzept für eine umweltschonende, zuverlässige und bezahlbare Energieversorgung*, (Stand Sept. 2010), https://www.bmwi.de/Redaktion/DE/Downloads/E/energiekonzept-2010.pdf?__blob=publicationFile&v=3

[17c] *»Sektorkopplung« – Optionen für die nächste Phase der Energiewende. Stellungnahme* (November 2017), (Studie im Auftrag der Bundesregierung) , https://energiesysteme-zukunft.de/fileadmin/user_upload/Publikationen/PDFs/ESYS_Stellung nahme_Sektorkopplung.pdf

[18] WBGU, Hauptgutachten: *Welt im Wandel. Gesellschaftsvertrag für eine Große Transformation* https://issuu.com/wbgu/docs/wbgu_jg2011?e=37591641/69400318

[18a] https://homerdixon.com/*the-great-transformation-climate-change-as-cultural-change*/ (June 8, 2009)

[18a0] https://www.epochtimes.de/meinung/gastkommentar/hoffmann-wie-dumm-von-mir-es-geht-nicht-ums-klima-es-geht-um-die-totale-veraenderung-der-gesellschaft-a3070141.html

[18a1] Tichys Einblick (7.6.2019 + 11.6.2019): https://www.tichyseinblick.de/kolumnen/alexander-wallasch-heute/*Klimadiktatur-aus-Umweltbundesamt-Journalismus-fuer-die-grosse-Transformation*/

[18a2] https://www.tichyseinblick.de/kolumnen/alexander-wallasch-heute/klimadiktatur-aus-umweltbundesamt-journalismus-fuer-die-grosse-transformation-teil-ii/

[18b1] Hans Joachim Schellnhuber: *„Was heute geschieht, gleicht einem kollektiven Suizidversuch"*, Potsdamer Neueste Nachrichten (22.08.2018), https://www.pnn.de/wissenschaft/potsdamer-klimaforscher-hans-joachim-schellnhuber-was-heute-geschieht-gleicht-einem-kollektiven-suizidversuch/22937968.html

[18b2] https://www.pnn.de/wissenschaft/*Klimaforschung-in-Potsdam-uns-laeuft-die-Zeit-davon*/23688920.html   (28.11.2018)

[18c] https://conservo.wordpress.com/2019/09/13/*Ursachen-des-Niedergangs-der-Volksparteien-die-Links-Ideologie-der-grossen-Transformation*/ , Peter Helmes, (13. Sep 2019),

[18d] A. Benesch, Recentr (23.9.2019), http://recentr.com/2019/09/23/*Exxon-und-Rothschild-wollen-die-Gruene-Weltordnung-der-UN*/

[19] Roger Köppel: ***Der Missbrauch des Klimawandels und seine Profiteure***, Weltwoche (6.6.2019), https://www.rogerköppel.ch/blog/weltwoche-editorial-23-19/

[19a] ***10.000 Milliarden Dollar für den Klima-Hype.*** https://www.tichyseinblick.de/ daili-es-sentials/klima-die-gekaufte-rebellion/, (24.10.2019),

[20] William Engdahl, (16.10.2018): https://www.globalresearch.ca/***climate-change-panic-scenarios-killing-scientific-debate-the-dark-story-behind-global-warming***/5657172

[20a] William Engdahl, ***Climate and the Money Trail***, GlobalResearch (25.9./4.12.2019), https://www.globalresearch.ca/climate-money-trail/5690209

[20a1] (dt. Übersetzung) (29.9.2019), https://krisenfrei.com/das-klima-und-die-spur-des-geldes/

[20b] William Engdahl, ***China USA and the Geopolitics of Lithium***, GlobalResearch (19.11.2019), https://www.globalresearch.ca/china-usa-geopolitics-lithium/5695377

[20c] Prof. M. Chossudovsky, *"**Weaponizing the Weather**" as an **Instrument of Modern Warfare**?*, GlobalResearch (12 Sep 2017/ 4 Dec 2019) , https://www.globalresearch.ca/does-the-us-military-own-the-weather-weaponizing-the-weather-as-an-instrument-of-modern-warfare/5608728

[20d] GlobalResearch (June 24,2019), *The Monkey's Face.* ***The Climate Crisis is Destroying "Real Environmentalism"***, https://www.globalresearch.ca/the-monkeys-face-the-climate-crisis-is-destroying-real-environmentalism/5681579

[21] Gerd Held, ***Das Klima kann man nicht lenken – aber das Land klimafester machen***, (6. Sept. 2019), https://www.tichyseinblick.de/kolumnen/helds-ausblick/das-klima-kann-man-nicht-lenken-aber-das-land-klimafester-machen/

[22a] Jonas Schick, ***Grenzen der Machbarkeit*** *(1).* Sezession im Netz https://sezession.de/61431/grenzen-der-machbarkeit-1-zurueck-in-die-flaeche   (30.7.2019),

[22b] Jonas Schick, ***Grenzen der Machbarkeit*** *(2). nachhaltig und erneuerbar*, Sezession im Netz, , https://sezession.de/61449/grenzen-der-machbarkeit-2-nachhaltig-und-erneuerbar , (7.8.2019)

[22c] Thomas Hoof, *Nachhaltigkeit als frommer Wunsch mit Vorbehalt*, Sezession 56 (Okt.2013), S.12-17, https://sezession.de/wp-content/uploads/2015/12/Sez56_Hoof.pdf

[22d] J. Schick, *Das ökologische Minimum*, Sezession 92, 47-50
[22e] J. Schick, *Ökologische Beleuchtungen (1)- postmoderne Maßlosigkeit*, Sezession 92 (Okt 2019), 62-63
[22f] J. Schick, *Ökologische Beleuchtungen (3)- Lektüre-Plan*, Sezession 94 (Feb 2020), 64-65
[22g] J. Schick, *Ökologische Beleuchtungen (4)- Stillstand*, Sezession 95 (Apr 2020), 64-65
[22h] J. Schick, *Ökologische Betrachtung (5)- "Die große Transformation"*, Sezession 97 (Aug 2020), 68-69

[23] Prof. Dürr, *Klimawandel-Religion. Heiße Luft wird teuer*, Junge Freiheit (3.8.2019), https://jungefreiheit.de/debatte/kommentar/2019/heisse-luft-wird-teuer/

[23a] Eigentümlich frei (6.8.2019), https://ef-magazin.de/2019/08/06/15512-entlarvende-Aussagen-und-widerspruechliche-Daten-*die-forcierte-Deindustrialisierung-wird-desastroese-Folgen-haben*

[23b] https://www.epochtimes.de/politik/welt/kap16-Pseudoreligion-Umweltbewusstsein-der-*Kommunismus-hinter-dem-Umweltschutz*-teil-1-teufel-welt-regiert-a2864799.html (19.8.2019)

[23c] *Klimahysterie gebiert Klima-Kommunismus,* ScienceFiles (17.9.2019), https://sciencefiles.org/2019/09/17/klimahysterie-gebiert-klima-kommunismus/

[23d] J. Braun, *Sozialismus – und der Meeresspiegel wird sinken!*, https://www.achgut.com/artikel/sozialismus_Und_der_meeresspiegel_wird_sinken , (18.10.2019),

[24a] Compact Spezial, Sonderheft Nr.22, *Öko-Diktatur*.Die heimliche Agenda der Grünen,(Juni 2019)
[24a1] J. Elsässer, *Die Grünen. Griff nach der Macht*, in: [24a],12-16
[24a2] J. Elsässer/ M. Dassen, *Der Geheimplan der Eliten*, S. 18-21
[24a3] J. Elsässer, *Klima-Religion. Kleine Mädchen, große Bosse*, 30-35
[24a4] D. Pföhringer, *Dazwischengekachelt*, in: [24a], S. 44
[24a5] M. Dassen/ C.Reinhold, *Autoland wird abgebrannt*, S. 46-51
[24a6] M. Müller-Mertens, *Kindersklaven für Kobalt*, S. 58-59
[24a7] Prof. H. Drexler (Umweltmedizin Uni Erlangen), "*Fahrverbote ändern wenig*", S. 65-67
[24a8] S. Reuth, *Die große Enteignung. Grüner Kurzschluss*, S. 70-74

[24a9] K. Meissner, *Die große Enteignung. Der grüne Raubzug*, 77-78

[24b] NDR Nachrichten (7.8.2018), **Die VW-Abgas-Affäre: Eine Chronologie**
https://www.ndr.de/nachrichten/niedersachsen/braunschweig_harz_goe
ttingen/Die-VW-Abgas-Affaere-eine-Chronologie,volkswagen892.html

[24c] VDA (Verband der Automobilindustrie), **Automobilindustrie und Mobilität in China** – *Strategien und Perspektiven für den größten Automobilmarkt der Welt*, (August 2011),
https://www.pwc.de/de/automobilindustrie/assets/automobilindustrie-
und-mobilitaet-in-china.pdf

[24d] **Mehr Autos durch mehr Pro-Kopf-Einkommen**, Generalanzeiger (6.8.2018), https://www.general-anzeiger-
bonn.de/news/wirtschaft/ueberregional/mehr-autos-durch-mehr-pro-
kopf-einkommen_aid-43406195

[24x] Konrad Adenauer Stiftung (Juli 2008),
https://www.kas.de/einzeltitel/-/content/**der-G-8-Gipfel-in-Japan-
Perspektiven-aus-den-Outreach-Staaten**

[25a1] https://vera-lengsfeld.de/2019/06/19/habeck-will-chinesische-
verhaeltnisse-in-deutschland/

[25a2] Roger Letsch, **Habeck und das angebliche „China-Vorbild"**, Ub, (19. Juni 2019):
https://unbesorgt.de/habeck-und-das-angebliche-china-vorbild/

[25a3] Sciencefiles (23.11.2019),
https://sciencefiles.org/2019/11/23/**1984**-ist-programm-der-grünen-
Habeck-ist-eine-Gefahr-für-Freiheit-und-Vernunft/

[25b1] A. Wendt, *Grünen-Chefin* **Baerbock über Wirtschaftspolitik**, Tichys Einblick (10.8.2019): https://www.tichyseinblick.de/daili-es-
sentials/annalena-baerbock-tornado-in-der-villa-kunterbunt/

[25b2] Roger Letsch, *Und täglich grüßt der Kobold –* **Baerbock im Interview**, Ub (9.8.2019), https://unbesorgt.de/und-taeglich-gruesst-
der-kobold-baerbock-im-interview/

[25b3] https://peymani.de/**Baerbock-empfiehlt-Presseboykott-fuer-
Klimaskeptiker**/ (11.11.2019)

[25c] A. Wendt, **Pauschale Entfernung vom Leben.** *Robert Habecks Ahnungslosigkeit ...,* Publico (23.9.2019),
https://www.publicomag.com/2019/09/pauschale-entfernung-vom-
leben/

[25d0] *Irrsinn der Merkel-Rede im Bundestag deutlich gemacht*, ScienceFiles (11.9.2019), https://sciencefiles.org/2019/09/11/irrsinn-am-beispiel-der-merkel-rede-im-bundestag-deutlich-gemacht/

[25d1] Achgut (20.9.2019), https://www.achgut.com/artikel/*ein_Hauch_von_Klima_Putsch*

[25d2] TichysEinblick (20.9.2019), https://www.tichyseinblick.de/tichys-einblick/*Klimapaket-Pillepalle-fuer-Gruenwesten-Zumutung-fuer-Gelbwesten*/

[25e] Tichys Einblick (2. Okt 2019), https://www.tichyseinblick.de/daili-es-sentials/*mit-Klimaschutz-und-Wirtschaftskrise-kommt-nun-der-grosse-Stellenabbau*/

[25f] Welt (4.11.2019), https://www.welt.de/debatte/kommentare/article202960310/*Euro-Fluechtlinge-Klima-Politik-verfuegt-selbstherrlich-ueber-unser-Geld*.html

[25g] *Klimapolitik: Hauptsache das Geld kommt*, (26.11.2019), https://www.goldseiten.de/artikel/433232--Klimapolitik~-Hauptsache-das-Geld-kommt.html

[25h] https://jungefreiheit.de/wissen/umwelt/2019/*den-Klimawandel-in-seinem-Lauf-haelt-weder-Ochs-noch-Esel-auf*/ ,(29. 11. 2019)

[25k1] Karl Müller, *Braucht die Welt einen «Green New Deal»?*, Zeit-Fragen 27. Jg. Nr.26/27, https://www.zeit-fragen.ch/archiv/2019/nr-2627-3-dezember-2019/braucht-die-welt-einen-green-new-deal.html

[25k2] Dr. Mathias Burchardt, *Neoliberaler Klimapopulismus*, Zeit-Fragen 27. Jg. Nr.26/27, https://www.zeit-fragen.ch/archiv/2019/nr-2627-3-dezember-2019/neoliberaler-klimapopulismus.html

[25m] F.J. Hoffmann, *Hinter den Klima-Alarmisten steht die Staatsmacht,* (7.12.2019), https://www.theeuropean.de/florian-josef-hoffmann/*es-geht-nicht-ums-Klima-es-geht-um-die-totale-Veränderung-der-Gesellschaft*/

Problematik der Energiewende und Klimapolitik

[26] Prof. R. Schlögl, *Max-Planck-Forscher:„Die Grundidee der Energiewende ist absolut unsinnig"*, EpochTimes (26 Aug 2019): https://www.epochtimes.de/wissen/forschung/max-planck-forscher-die-grundidee-der-energiewende-ist-absolut-unsinnig-a2982051.html

[26a] *Elektromobilität– sind E-Autos wirklich grüner?*
https://utopia.de/fragen/elektromobilitaet-nachhaltigkeit/

[26b] *Die dreckige Wahrheit der Mobilitätswende*,
https://www.sueddeutsche.de/auto/elektroautos-batterien-recycling-1.4218519, (29.11.2018)

[26c] *Studie: CO2-Bilanz eines Elektromotors ist ein Desaster.*
https://www.focus.de/auto/elektroauto/e-auto-batterie-viel-mehr-co2-als-gedacht_id_7246501.html , (14.6.2017)

[26d1] Prof. C. Buchal / Prof. H.-W. Sinn, FAZ (16. April 2019)
http://www.hanswernersinn.de/de/*Elektroautos*-was-zeigt-die-*CO2-Bilanz*-faz-26042019

[26d2] C Buchal / H-D Karl / H-W Sinn, Wirtschaftswoche Online
(26. April 2019), Erläuterungen zu "...Was zeigt die CO2-Bilanz?",
http://www.hanswernersinn.de/de/*Stellungnahme-Studie-CO2-Bilanz*-wiwo-26042019

[26d3] https://www.focus.de/auto/ratgeber/zubehoer/auto-und-technik-*Ein-sauberes-Dilemma*_id_10827332.html, (25.6.2019),

[26e] (21.9.2019), https://sciencefiles.org/2019/09/21/*Elektroautos-sind-bei-Emissionen-umweltschadlicher-als-Benziner*/

[26f] Roger Letsch, *Die Immobilitäts-Wende*, Achgut (15.9.2019)
https://www.achgut.com/artikel/die_immobilitaetswende/

[26g] *Grüne Klimapolitik zehntausende afrikanische Kinderleben*
https://www.journalistenwatch.com/2019/10/31/gutmenschen-rassisten-gruene/

[26h] (5.11.2019), https://jungefreiheit.de/debatte/kommentar/2019/
Verkehrswende-wir-sollen-nicht-mehr-frei-entscheiden-koennen/

[26k] https://www.tichyseinblick.de/wirtschaft/mobilitaet/*feuer-und-flamme-fuer-das-elektroauto*/   , (26.3.2019)

[27] https://www.heise.de/tp/features/*Wie-klimafreundlich-ist-Windkraft*-3371277.html, Telepolis Heise Online (15.4.2015)

[27a1] Holger Douglas, *Machen Windkraftanlagen krank?*,
https://www.tichyseinblick.de/feuilleton/buecher/machen-windkraftanlagen-krank/ ,(19. Juli 2019),

[27a2] Wolfgang Müller, *Krankmacher Windkraftanlagen*?
Auswirkungen des Infraschalls auf unsere Gesundheit,
https://tichyseinblick.shop/produkt/mueller-krankmacher-windkraftanlagen

[27b] Tichys Einblick (5. Juni 2019),
https://www.tichyseinblick.de/kolumnen/lichtblicke-kolumnen/*Ostsee-Urlaubsparadies-wird-mit-Windraedern-zugepflastert*/

[27c1] NABU, *Windenergie-Lobby leugnet Artenschutzproblematik* (Juni 2016), https://www.nabu.de/news/2016/06/20834.html

[27c2] https://www.welt.de/wirtschaft/article199597222/Energiewende-Windkraftindustrie-will-Naturschutz-aufweichen.html, (1.9.2019)

[27d] Geo (8/2019), *Windenergie und Vögel: "Die Opferzahlen sind viel höher als gedacht"* https://www.geo.de/natur/nachhaltigkeit/21698-rtkl-artenschutz-windenergie-und-voegel-die-opferzahlen-sind-viel-hoeher

[27e] BUND: *Windenergie, Windräder, Windkraft, Vögel, Fledermäuse & Vogelschlag 2019: Glasscheiben, Freileitungen, Straßenverkehr, Katzen, Eisenbahn & Insektensterben* (2.7.2019) http://www.bund-rvso.de/windenergie-windraeder-voegel-fledermaeuse.html

[27f] WWF: *Regionale Auswirkungen des Windenergieausbaus auf die Vogelwelt*, https://www.wwf.de/fileadmin/fm-wwf/Publikationen-PDF/WWF_WEA_Vogelwelt.pdf

[27g1] *Wenn Windräder Sondermüll produzieren*, BR24 (15.4.2019), https://www.br.de/nachrichten/deutschland-welt/weshalb-windraeder-auch-muell-produzieren,RNQXQfD

[27g2] *Rotorblätter von Windkraftanlagen nicht recyclebar*, https://www.journalistenwatch.com/2019/08/02/rotorblaetter-von-windkraftanlagen-nicht-recyclebar/

[27g3] https://sciencefiles.org/2019/09/18/*Das-dicke-Ende-der-Windkraft-entsorgung-vollkommen-ungelost*/

[27g4] E. Gärtner, *Windräder: Schrecken mit teurem Ende*: http://www.sachsen-gegenwind.de/mediadata/images/inhalte/10.03.%20*Windrad-Demontage*.pdf

[27h1] *Windkraft und trockene Böden*?, ScienceFiles (25.6.2019), https://sciencefiles.org/2019/06/25/windkraft-und-trockene-boden-kommt-zusammen-was-zusammengehort/

[27h2] *Global Warming durch Windkraft*, ScienceFiles (28.8.2019), https://sciencefiles.org/2019/08/28/global-warming-durch-windkraft-wenn-ol-zur-brandbekampfung-genutzt-wird/

[27h3] (*Einfluß großer Windparks auf das lokale und globale Klima*), ScienceFiles (26.6.2019), https://sciencefiles.org/2019/06/26/windkraft-so-umweltfreundlich-wie-eine-mullkippe/

[27i1] NZZ (5.9.2019), https://www.nzz.ch/wirtschaft/***die-Windkraft-zeigt-das-Malheur-der-deutschen-Energiewende***-ld.1506735

[27i2] ***Deutschland ist in der Energiewende das falsche Vorbild***, NZZ (4.5.2017) https://www.nzz.ch/wirtschaft/energiepolitik-das-falsche-vorbild-deutschland-ld.1290233

[27j] ***Die Energiewende scheitert bereits am Machbaren***, (28.8.2019) https://www.welt.de/wirtschaft/energie/article199311458/Energiewende-Bund-soll-Mindestabstaende-fuer-Windraeder-festlegen.html

[27k] TichysEinblick (5. Okt. 2019), https://www.tichyseinblick.de/daili-es-sentials/***Wenn-Voegel-den-gruenen-Plan-sabotieren***/

[27m] https://sciencefiles.org/2019/09/09/***Milliardenschaden***-klima-alarmisten-sollten-verklagt-werden/ ,(9.9.2019),

[27n] Gabor Steingart, Focus (12.9.2019), *https://www.focus.de/politik/deutschland/Gabor-Steingart-**nach-Euro-kritik-und-Fluechtlingsdebatte-hat-AfD-drittes-Gefechtsfeld***

[27p] https://www.epochtimes.de/meinung/gastkommentar/florian-j-hoffmann-eine-unbequeme-wahrheit-***Dreissig-Jahre-falsche-Energie-Politik***-a3006050.html

[27q] TichysEinblick (29. Okt. 2019), https://www.tichyseinblick.de/kolumnen/lichtblicke-kolumnen/***Blick-auf-die-Stromversorgung-der-Herbst-und-der-sichere-Strom***/

[27s1] https://sciencefiles.org/2019/09/03/***solarenergie-umweltschadlich-ineffizient-sozial-ungerecht***/%20%20%20%20%20%20!!!

[27s2] http://environmentalprogress.org/big-news/2017/6/21/are-we-headed-for-a-***solar-waste-crisis***

[27s3] https://timesofindia.indiatimes.com/blogs/seeing-the-invisible/s***olar-energy-badly-harms-the-environment***-it-must-be-taxed-not-subsidised/ ,(Sep 2, 2019)

[27s4] ***Toward a Just and Sustainable Solar Energy Industry***
A Silicon Valley Toxics Coalition White Paper (January 14, 2009) http://svtc.org/wp-content/uploads/Silicon_Valley_Toxics_Coalition_-_Toward_a_Just_and_Sust.pdf

[27s5] Solar Waste European The Waste Electrical and Electronic Equipment Directive, http://www.solarwaste.eu/faq/

[27t] M. Limburg, Solar-Projekt Noor, (9.2.2016), https://www.eike-klima-energie.eu/2016/02/09/marokko-setzt-massstaebe-im-verschwenden-von-internationalen-klimaschutz-geldern-aber-mit-dem-wohlwollen-und-foerderung-deutschlands-und-der-weltbank/

[27u] https://www.tichyseinblick.de/kolumnen/lichtblicke-kolumnen/klimagerechter-abstieg/   (3.7.2020)

[28] *The small Scottish isle leading the world in electricity*, BBC (30 March 2017), http://www.bbc.com/future/story/20170329-the-extraordinary-electricity-of-the-scottish-island-of-eigg?ocid=ww.social.link.twitter

Umwelt, etc.

[29] ***Klimapolitik auf Kosten des Regenwaldes,*** https://www.regenwald.org/uploads/regenwaldreport/pdf/regenwald-report-2-2019-web.pdf

[29a] WWF, *Below the canopy. Plotting **global trends in forest wildlife populations**,* https://www.wwf.de/fileadmin/user_upload/PDF/**WWF-Globaler-Waldreport_**BelowTheCanopy.pdf

[29b] Welt (23. 8.2019), ***Regenwald in Flammen. Brennen für die Soja-Milliarden***, https://www.welt.de/wirtschaft/article199055379/Amazonas-Brennen-fuer-das-Soja-Business.html

[29c] Paul Craig Roberts, ***Brazil's Massive Crime Against Humanity. Bolsonaro has Decided to Destroy the Amazon***, (July 30, 2019): https://www.globalresearch.ca/brazils-massive-crime-against-humanity-bolsonaro-has-decided-to-destroy-the-amazon/5685023

[29d] Claire Wordley (Dept of Zoology, Uni. of Cambridge), ***It's Not Just Brazil's Amazon - Bolivia's Vital Forests Are Burning Out of Control Too***, (23 Aug 2019) https://www.sciencealert.com/it-s-not-just-brazil-s-amazon-bolivia-s-vital-forests-are-on-fire-too

[29e] ***Schlimmster Urwald-Abfackler ist Morales***, n-tv (27.8.2019) https://www.n-tv.de/politik/politik_person_der_woche/Schlimmster-Urwald-Abfackler-ist-Morales-article21231783.html

[29f] *Mehr als vier Millionen Hektaren Fläche seit August in Bolivien verbrannt – **die neusten Entwicklungen im Amazonasgebiet**,* https://www.nzz.ch/international/amazonas-laender-schliessen-pakt-zum-schutz-des-regenwalds-die-neusten-entwicklungen-im-amazonasgebiet-ld.1503585 , (19.9.2019)

[29g] **Was hat mein Handy mit dem Regenwald zu tun?**, (16.2.2016), https://www.abenteuer-regenwald.de/bedrohungen/coltan-gold/handy

[29h1] Unser Planet (31. Juli 2019), *https://unserplanet.net/weltrekord-**indien-pflanzte-110-millionen-baume-in-nur-2-tagen-mit-der-hilfe-von-25-millionen-freiwilligen/***

[29h2] Zuerst (4. August 2019), *Praktizierter Umweltschutz: **Athiopien pflanzt 350 Millionen Bäume** in zwölf Stunden* ,

[29i0] Manfred Rist, **Sind Asiens Städte noch zu retten?**, Neue Zürcher Zeitung (25.9.2019), https://www.nzz.ch/wirtschaft/staedte-in-asien-klima-erwaermung-ld.1506319

[29i1] https://www.washingtonpost.com/world/asia_pacific/**Welcome-to-the-jungle-Indonesia-picks-site-for-new-capital-city**/2019/08/26/

[30a] **Dreckige Dieselautos? Nichts im Vergleich zu Schiffen!** Deutsche Welle (29.8.2017), https://www.dw.com/de/feinstaub-von-schiffen-gro%C3%9Fe-abgas-belastung/a-40279733

[30b] **NABU-Kreuzfahrtranking 2018 vorgestellt**, NABU (Aug 2018), https://www.nabu.de/news/2018/08/25034.html

[30c] Arte (18.4.2018), **Mittelmeer in Gefahr**, https://www.youtube.com/watch?v=qHGZv0UBSq0

[30d] https://www.bild.de/reise/traumreisen/traumreise/**No-Go-Reiseziele**-fuer-2020, (28.11.2019)

[30m1] https://www.deutschlandfunk.de/**Malediven-die-Muell-hoelle-von-Thilafushi**, (8.3.2016)

[30m2] https://www.welt.de/reise/Fern/article187688234/**Malediven-Die-Kehrseite-des-Traumurlaubs.**html, Welt (30.1.2019)

[30x1] Susan Crockford, **The Polar Bear Catastrophe That Never Happened**, 2019

[30x2] https://polarbearscience.com/2020/07/08/10-fallacies-about-**arctic-sea-ice-polar-bear-survival-refute-misleading-facts/**

[31] Greenpeace, *Plastic Debris in the World's Oceans,* (2007),
https://www.greenpeace.org/archive-
international/Global/international/planet-
2/report/2007/8/plastic_ocean_report.pdf

[31a] UN environmt, *Planet Drowning in Plastic Pollution*, (2018),
https://www.unenvironment.org/interactive/beat-plastic-pollution/

[31b1] *Plastik: Lenkt uns die Panik vom eigentlichen Problem ab?*,
RESET (10.9.2019), https://reset.org/blog/plastik-lenkt-uns-die-panik-
vom-eigentlichen-problem-09102019

[31b2] *Plastic Ocean - Plastikinseln im Meer*, RESET (2013/2019),
https://reset.org/knowledge/plastic-ocean-plastikinseln-im-meer

[31c] *What is the Great Pacific Ocean Garbage Patch?*, Mother
Nature Network (June 7, 2019)
https://www.mnn.com/earth-matters/translating-uncle-
sam/stories/what-is-the-great-pacific-ocean-garbage-patch

[31d1] https://blog.wwf.de/*ist-das-mein-Plastikmüll im Meer*/

[31d2] https://blog.wwf.de/*Warum-fischen-wir-das-Plastik-nicht-aus-
dem-Meer*/

[31e] BUND, *Achtung Plastik! Chemikalien in Plastik gefährden
Umwelt und Gesundheit*, (o.J.)
https://www.bund.net/fileadmin/user_upload_bund/publikationen/chem
ie/achtung_plastik_broschuere.pdf

[31f] J R Jambeck et al, *Plastic waste inputs from land into the ocean,*
Science Vol. 347, Issue 6223, pp. 768-771, (13 Feb 2015),
https://jambeck.engr.uga.edu/landplasticinput

[31g] *Plastikatlas – Daten und Fakten über eine Welt voller
Kunststoff*, BUND & Heinrich-Böll-Stiftung, (2. Aufl., 2019),
https://www.bund.net/fileadmin/
user_upload_bund/publikationen/chemie/chemie_plastikatlas_2019.pdf

[31h1] https://www.heise.de/tr/artikel/Statistik-der-Woche-*Muell-und-
Recycling-in-Deutschland*-4425909.html , (21.5.2019)

[31h2] https://www.sueddeutsche.de/wissen/*Muellkreislauf-das-
deutsche-Recycling-Maerchen*-1.3491734-0   (11.5.2017)

[31h3] https://www.heise.de/tr/artikel/Statistik-der-Woche-So-viel-
Elektroschrott-produzieren-wir-3921356.html   (19.12.2017)

Klimaalarmisten, Klimakritiker-Gegner

[32] *Leugnung der menschengemachten globalen Erwärmung*, https://de.wikipedia.org/wiki/Leugnung_der_menschengemachten_glo balen_Erw%C3%A4rmung , (bearbeitet 3.7.2019)

[32-1] „Enzyklopädie aus freien Inhalten"? Wikipedia: Im grünen Bereich ist jeder Einspruch zwecklos, https://www.tichyseinblick.de/feuilleton/buecher/im-gruenen-bereich-ist-jeder-einspruch-zwecklos/ (17.6.2020)

[32a] Umweltbundesamt (26.7.2013), *Antworten des UBA auf populäre skeptische Argumente*: https://www.umweltbundesamt.de/themen/klima-energie/klimawandel/klimawandel-skeptiker/antworten-des-uba-auf-populaere-skeptische

[32b] Umweltbundesamt (Mai 2013), *Und sie erwärmt sich doch – Was steckt hinter der Debatte um den Klimawandel?* (122 S.) https://www.umweltbundesamt.de/sites/default/files/medien/378/publik ationen/und_sie_erwaermt_sich_doch_131201.pdf

[32c] Umweltbundesamt (13.6.2016), *Klimawandel-Skeptiker*: https://www.umweltbundesamt.de/themen/klima-energie/klimawandel/klimawandel-skeptiker#textpart-1

[32d] J. Reichholf, *Schnell wird man als Klimaleugner abgestempelt*, https://www.welt.de/debatte/kommentare/article165004435/Schnell-wird-man-als-Klimaleugner-abgestempelt.html, (28.5.2017)

[33a] Skeptical Science. Getting skeptical about global warming skepticism, *Global Warming & Climate Change Myths*, https://skepticalscience.com/argument.php

[33b] https://www.klimafakten.de/

[34] ZEIT Nr. 48/2012 (22.11.2012), *Die Klimakrieger*: https://www.zeit.de/2012/48/Klimawandel-Marc-Morano-Lobby-Klimaskeptiker?

[34a] Alexander Wendt, *Das Elend des deutschen Klima-Alarmismus*, Publico (9.10.2019), https://www.publicomag.com/2019/10/das-elend-des-deutschen-klima-journalismus/

[35] BUND (26.4.2019 zuletzt geändert): *Klimawandelleugner, Klima-skeptiker & die Interessen von Öl-, Gas-, Kohle-, Atom- und Auto-konzernen*: http://www.bund-rvso.de/*klimawandelleugner*.html

[36] http://www.klimaretter.info

[37] George Monbiot, *The Denial Industry*, Guardian (19 Sep 2006) https://www.theguardian.com/environment/2006/sep/19/ethicalliving.g2

[38] Michael's Climate Blog (7.3.2011), *EIKE – Ein Institut stellt sich vor*: https://michaelsclimate.wordpress.com/2011/03/07/eike-ein-institut-stellt-sich-vor/

Sonstiges

[39] Peter H. Grassmann, *Werteorientierte Marktwirtschaft*, 2017

[39a] Peter H. Grassmann, (11.10.2019), https://www.rubikon.news/artikel/*die-Umwelt-schwerverbrecher*

[39b] Peter H. Grassmann, (13.02.2020), *Unsere Zivilisation wird wahrscheinlich nicht durch Krieg oder Seuchen zugrunde gehen, sondern durch die Gier weniger Profiteure,* https://www.rubikon.news/artikel/*die-Todesursache*

Übervölkerung & Umwelt

[40] H. Kehl, *Ein möglicher Hintergrund allgegenwärtiger Ängste - Die globale Bevölkerungsentwicklung*, https://www.science-e-publishing.de/project/lv-twk/02-intro-2-twk.htm#globpopgrowth

[40a] *World's top problem is overpopulation, not climate,* https://www.marketwatch.com/story/climate-report-proves-humans-are-the-new-dinosaurs-2013-10-12

[40b] *Das grösste Problem der Welt ist die Überbevölkerung, nicht das Klima*. https://youtu.be/TETCYuxRNC4?t=1674

[41] Prof. John McMurty, *'Overpopulation': A Cover Story for the Money Cancer System*, GlobalResearch, (15 August 2019) https://www.globalresearch.ca/overpopulation-cover-story-money-cancer-system/5686456

[42] Gunnar Heinsohn, (10.7.2018) *https://www.achgut.com/artikel/Warum_der_Krieg_in_Nigeria_nicht_aufhoeren_wird*

[43a] FAZ (17.6.2019), https://www.faz.net/aktuell/gesellschaft/menschen/*2100-koennten-4.3-Milliarden-Menschen-in-Afrika-leben*-16240911.html

[43b] Michael Paulwitz, *Afrika. Herz der Finsternis* , (4. Aug 2019), https://jungefreiheit.de/debatte/kommentar/2019/herz-der-finsternis/

[44] https://www.berlin-institut.org/fileadmin/user_upload/Afrika/*Afrikas_demografische_Her ausforderung*.pdf

[45] https://www.indiatoday.in/india/story/*14-of-World-s-15-Most-Polluted-Cities-in-India*-Kanpur-tops-list-1224578-2018-05-02

[45a] https://www.heise.de/tp/features/*In-Indien-ist-alles-vergiftet*-4231989.html, (24.11.2018)

[45b] *Wassermangel in Indien*,
https://jungle.world/artikel/2019/34/auf-dem-trockenen, (22.8.19)

[45c] https://www.heise.de/tp/features/*Bangladesch-Der-Mensch-frisst-sich-weiter-auf*-4324624.html ,   (3.3.2019)

Sonstiges

[46] J. Reichholf*: Naturschutz. Krise und Zukunft*, (8.8.2010)
https://www.faz.net/aktuell/feuilleton/buecher/rezensionen/sachbuch/josef-h-reichholf-naturschutz-krise-und-zukunft-den-naturhaushalt-kennen-wir-nicht-1999123.html?printPagedArticle=true

[47] *Zukunft der Landwirtschaft. Grenzen des Wachstums*,
https://www.weser-kurier.de/region/niedersachsen_artikel,-die-grenzen-des-wachstums-_arid,1854999.html, (24.8.2019)

[48] https://www.anti-spiegel.ru/2019/Medienhype-ums-Klima-*welche-Umweltrisiken-die-Menschheit-tatsaechlich-bedrohen*/, (31.10.2019)

----

[49] S Wynes and K A Nicholas, The climate mitigation gap: education and government recommendations miss *the most effective individual actions*, Environment Research Letters Vol **12** No 07,
(12 July 2017), https://iopscience.iop.org/article/10.1088/1748-9326/aa7541/pdf

[50] *Making of a riskier future: How decisions shaping future disaster risk,* Global Facility for Disaster Reduction & Recovery,(2016)
https://www.gfdrr.org/sites/default/files/publication/Riskier%20Future.pdf

----

Buschfeuer in Australien

[51] https://de.wikipedia.org/wiki/Buschfeuer_in_Australien (25.4.20)
[52] https://www.ffm.vic.gov.au/history-and-incidents/past-bushfires
[53] National Inquiry on Bushfire Mitigation and Management,
https://ro.uow.edu.au/cgi/viewcontent.cgi?article=1003&context=scipapers, University of Wollongong, (2004)
[54] https://kaltesonne.de/wunder-der-natur-australien-nach-den-buschbraenden/   (23.5.2020)

Corona & 'Great Reset'

[57] https://www.nzz.ch/international/*Hans-Juergen-Papier-warnt-vor-Aushoehlung-der-Grundrechte*-ld.1582544, (20.10.2020)

[58] *Suicide risk* and prevention *during the COVID-19 pandemic*, https://www.thelancet.com/journals/lanpsy/article/PIIS2215-0366(20)30171-1/fulltext , (1 June 2020)

[59] https://www.zeit-fragen.ch/archiv/2021/nr-7-23-maerz-2021/*aerzte-am-limit-kostendruck-statt-patientenwohl*.html

[61] William Engdahl, *Now Comes the Davos Global Economy "Great Reset". What Happens After the Covid-19 Pandemic?* https://www.globalresearch.ca/davos-great-reset, (June 10, 2020)

[62a] C. Sommerfeld, https://sezession.de/63128/*ordo-ab-chao*,(29.6.20)

[62b] C. Sommerfeld, https://sezession.de/64115/*corona-diktatur*-ein-besonderes-compact-heft, (29.3.21)

[63] CompactAktuell, *Corona Diktatur*. *Wie unsere Freiheit stirbt*, 1.3.21

[64] Prof. K. Reiss & Prof. S. Bhakdi, *Corona Fehlalarm?* Zahlen Daten Hintergründe, 2020

[70] Klaus Schwab & T. Malleret, *Covid 19: The Great Reset*, 2020

[71a] https://vera-lengsfeld.de/2020/12/03/die-offenbarung-des-klaus-schwab-covid-19-the-great-reset/

[71b] https://vera-lengsfeld.de/2020/12/04/*die-corona-krise-darf-nicht-ungenutzt-bleiben*-sagt-klaus-schwab/

[72] https://sciencefiles.org/2020/10/31/*the-great-reset-wer-glaubt-das-sei-eine-verschworungstheorie-der-irrt-sich*/

[73] *Top-Ökonom zählt 12 Fehler in Corona-Krise auf und spricht von „Staatsversagen"*, (17.3.21) https://www.focus.de/finanzen/gastbeitrag-von-daniel-stelter-die-deutsche-corona-politik-ist-ein-desaster_id_13088804.html

[74] Prof. Rießinger: *Übersterblichkeit?* „Sehr weit weg von allen Katastrophenszenarien". Eine mathematische Auswertung der Sterbefälle, https://reitschuster.de/post/auswertung-sterbefaelle-2/ (19.1.21)

[75] Prof. Matthias Schrappe, FocusOnline (15.2.21), https://www.focus.de/gesundheit/news/massive-kritik-am-merkel-kurs-mediziner-*kanzlerin-leidet-unter-kuba-syndrom*-sie-laesst-nur-noch-eine-meinung-zu_id_12971235.html

[76] https://www.tichyseinblick.de/daili-es-sentials/*stanford-professor-ioannidis*-auf-lange-sicht-verschlimmern-solche-einschraenkungen-die-lage/ (22.3.21)

[77] https://sciencefiles.org/2021/01/13/*harte-lockdowns-helfen-nicht*-wirken-nicht-bringen-nichts-schaden-nur-follow-the-science/

[78] E. Bendavid , C. Oh , Jay Bhattacharya , John Ioannidis
Assessing Mandatory Stay-at-Home and Business Closure Effects on the Spread of COVID-19, 05 January 2021,
https://onlinelibrary.wiley.com/doi/10.1111/eci.13484

[79] https://sciencefiles.org/2020/10/11/***WHO-ruckt-vom-Lockdown-ab-Appell-an-Regierungen-Lockdown-zu-beenden/***

[80] https://gbdeclaration.org/***die-Great-Barrington-Declaration/***

[82] https://www.achgut.com/artikel/***WHO_beendet_epidemische_Lage_von_nationaler_Tragweite***, (22.1.21)

[83] Prof. Michel Chossudovsky, E-Book, (1.2.2021)
https://www.globalresearch.ca/the-2020-***worldwide-corona-crisis-destroying-civil-society-engineered-economic-depression-global-coup-detat-and-the-great-reset***/5730652

[84] Prof. Stefan Hockertz, ***Generation Maske. Corona: Angst und Herausforderung***, 2021

[85] https://sciencefiles.org/2021/04/14/***koordinierte-propaganda-dem-covid-notfall-folgt-der-klima-notfall-wie-der-ewige-lockdown-vorbereitet-wird/***

<u>Nachträge</u>

[x0] Konrad Lorenz,***Die 8 Todsünden der zivilisierten Menschheit***,1973

[x1] Hans Jonas, ***Das Prinzip Verantwortung***, 1979

[x2] Hoimar von Ditfurth, *So laßt uns denn ein Apfelbäumchen pflanzen. Es ist soweit*, 1985

[x3] Irenäus Eibl-Eibesfeldt, ***In der Falle des Kurzzeitdenkens***, 1998

[x4] Hermann Glaser (Hg.), ***Grundfragen des 21. Jahrhunderts***, 2002

[x5] Naomi Klein, ***Die Schock-Strategie***: *Der Aufstieg des Katastrophen-Kapitalismus,* 2007
[x5a] https://de.wikipedia.org/wiki/Die_Schock-Strategie   (26.2.2020)

[x6] Naomi Klein, ***Die Entscheidung: Kapitalismus vs. Klima***, 2015

[x7] Ralf Fücks, ***Intelligent wachsen, Grüne Revolution***, 2013
[x7a] https://www.cicero.de/innenpolitik/zwoelf-thesen-fuer-eine-gruene-revolution/53695

[x8] Evi Hartmann, *Wie viele **Sklaven** halten Sie? Über **Globalisierung und Moral***, 2016

[x8+] Kathrin Hartmann, ***Die grüne Lüge. Weltrettung als profitables Geschäftmodell***, 2019

[x9] Eike Roth, *Probleme beim Klimaproblem: Ein Mythos zerbricht*, 2019

[x10a] F.Vahrenholt S. Lüning, *Die kalte Sonne.* Warum die Klima-katastrophe nicht stattfindet, (E-Buch, 2. Aufl. 2014)

[x10b] F.Vahrenholt S. Lüning, *Unerwünschte Wahrheiten: Was Sie über den Klimawandel wissen sollten*, (Langen Müller), Sep. 2020
[x10c] https://unerwuenschte-wahrheiten.de/#Literaturverzeichnis-Quellangaben

[x11] Günther Vogl, *Die erfundene Katastrophe: Ohne CO$_2$ in die Öko-Diktatur*, 2019

[x12] Michael Grandt, *Kommt die Klima-Diktatur?* Eine faktenreiche Analyse des grünen Klimawahns, (1. Aufl., Nov 2019)

[x13] Uli Weber, *Mehr geht nicht: Ein klimawissenschaftliches Vermächtnis*, 2019

[x14] Nicolai Hannig, *Kalkulierte Gefahren. Naturkatastrophen und Vorsorge seit 1800*, 2019

[x15] https://de.wikipedia.org/wiki/*Stern-Report* , (18.11.2019)

[x15a] Nicholas Stern, *Ethics, Equity and the Economics of Climate Change Paper 1: Science and Philosophy*, Centre for Climate Change Economics and Policy, Paper No. 97a, (Nov 2013)
[x15b] Carter deFreitas Goklany Holland Lindszen Tol et al., *The Stern Review: A Dual Critique*, World Economics• Vol. 7 • No. 4 https://web.archive.org/web/20100615182621/http://www.staff.livjm.ac.uk/spsbpeis/WE-STERN.pdf   (Oct–Dec 2006, pp 165-232)

[x15c] Richard Tol, *Wir haben genug Zeit*, (23. Mai 2007) https://web.archive.org/web/20070523184808/http://www.wiwo.de/ps wiwo/fn/ww2/sfn/buildww/id/133/id/226623/fm/0/SH/0/depot/0/index. html

[x16] *Wirtschaft ohne Wachstum?! Notwendigkeit und Ansätze einer Wachstumswende*, Universität Freiburg (Reihe Arbeitsberichte des Instituts für Forstökonomie 59 – 2012), http://www.ife.uni-freiburg.de/wachstumswende/woynowski-boris-et-al.-2012-wirtschaft-ohne-wachstum-notwendigkeit-und-ansatze-einer-wachstumswende.pdf

[x16a] Niko Paech, *Vom grünen Wachstumsmythos zur Postwachstums-ökonomie*; in: [x16], S. 2-11
[x16b] Bernd Senf, *Bankgeheimnis Geldschöpfung – Die Weltfinanz-krise ...*, in: [x16], S. 54-68

[x17] Ernst Friedrich Schumacher, *Small is Beautiful. Die Rückkehr zum menschlichen Maß*, 1977

[x18] Joachim Radkau, *Natur und Macht. Eine Weltgeschichte der Umwelt*, München, 2000, (2. Auflage 2012)
[x18a] Joachim Radkau, *Die Ära der Ökologie*, München, 2011

[x19a] Rolf Peter Sieferle, *Rückblick auf die Natur – Eine Geschichte des Menschen und seiner Umwelt*, (1997, 2020)
[x19b] Rolf Peter Sieferle, *Das Migrationsproblem*. *Über die Unvereinbarkeit von Sozialstaat und Masseneinwanderung*, 2017

[x20a] Rainer Mausfeld, *Warum schweigen die Lämmer?* *Wie Elitendemokratie und Neoliberalismus unsere Gesellschaft und unsere Lebensgrundlagen zerstören*, Frankfurt a.M., 2018

[x20b] Rainer Mausfeld, *Angst und Macht: Herrschaftstechniken der Angsterzeugung in kapitalistischen Demokratien*, 2019

[x21] J-M Pelt Th Monod M Mazoyer J Girardon, *Die schönste Geschichte des Lebens*, (Bastei Lübbe Tb 60509), 2002

[x22] Clemens Traub, *Future for Fridays. Streitschrift eines jungen Fridays for Future Kritikers*, 2020

[x23] Andreas Mäckler (Hg.), *Schwarzbuch Wikipedia*, 2020

[x24] Ulrich Kutschera, *Klimawandel im Notstandsland: Biologische Realitäten widerlegen politische Utopien*, 2020

[x25] *Wohlstand für alle. Klimaschutz & Marktwirtschaft*, Sonderveröffentlichung der Ludwig Erhard Stiftung, 2020, https://www.ludwig-erhard.de/wp-content/uploads/Ludwig-Erhard-Stiftung-2020_Wohlstand-f%C3%BCr-Alle_Klimaschutz-und-Marktwirtschaft.pdf
[x25a] H-J Hennecke, Wahrheit, Moral, Ideologie,..Vernunft, S.18
[x25b] K-R Mai, *Klimaschutz als Mobilisierungsideologie*, S.20
[x25c] Hans-Werner Sinn, *Der klimapolitische Alleingang der Deutschen muss enden*, S.30
[x25e] Ralf Fücks, *Ökologische Erneuerung der Sozialen Marktwirtschaft*, S.36
[x25f] Hubertus Knabe, *Sozialismus ist keine Lösung ...*, S.68
[x25g] Sebastian Lüning, *Wie viel Klima macht der Mensch?*, S.76
[x25h] Hans von Storch, *Klimawandel - was ist zu tun?*, S.78
[x25j] Hardy Bouillon, Ist die Umweltbewegung auf dem Weg zur Sekte? (*Wissenschaftstheorie*), S. 90
[x25k] Niko Paech, ... Ein Überlebensprogramm für alle, S.92

[x26] <u>Spencer Weart</u>, ***The discovery of global warming***. *A hypertext history...* , **American Institute of Physics**, (Feb. 2019), https://history.aip.org/history/climate/index.htm#L000 https://history.aip.org/history/climate/index.htm#contents

[x26-0] ***A Hyperlinked History of Climate Change Science***, https://history.aip.org/climate/summary.htm

[x26-1] ***The Carbon Dioxide Greenhouse Effect***, https://history.aip.org/climate/co2.htm

[x26-2] ***Biosphere: How Life Alters Climate***, https://history.aip.org/climate/biota.htm

[x26-2] ***Changing Sun, Changing Climate?***, https://history.aip.org/climate/solar.htm

[x26-3] ***Ocean Currents and Climate***, https://history.aip.org/climate/oceans.htm

[x26-4] ***The Modern Temperature Trend***, https://history.aip.org/climate/20ctrend.htm

[x26-5] ***Rapid Climate Change***, https://history.aip.org/climate/rapid.htm

[x26-6] ***Past Climate Cycles: Ice Age Speculations***, https://history.aip.org/history/climate/cycles.htm

[x26-7] ***Impacts of Climate Change***, https://history.aip.org/climate/impacts.htm

[x26-8] Personal Note, ***What should we do about global warming, and what can we do?***, https://history.aip.org/climate/SWnote.htm

[x27] Michael Schmidt-Salomon, ***Der Klimawandel aus Sicht des evolutionären Humanismus - Warum wir nicht "klimaneutral", sondern "klimaeffektiv" sein sollten,*** (28.11.19, Nachtrag 7.1.20) https://www.giordano-bruno-stiftung.de/meldung/klimawandel-evolutionaerer-humanismus

[x28] A. Ganopolski, R. Winkelmann & H. J. Schellnhuber, ***Critical insolation–CO_2 relation for diagnosing past and future glacial inception,*** Nature volume 529, pages 200–203 (2016), https://www.nature.com/articles/nature16494

[x29] ***Cradle-to-Cradle***, https://c2c.ngo/c2c-konzept/denkschule/ , https://c2c.ngo/c2c-konzept/kreislaeufe/

[x30] https://unerwuenschte-wahrheiten.de/30-welche-anzeichen-gibt-es-fuer-kipppunkte/

[x31] Schweden lehnt ***von Bill Gates finanziertes Experiment zur Abschwächung von Sonnenlicht*** ab , (3.4.21), https://de.rt.com/international/115334-zum-wohl-natur-schweden-rugt/

Nachwort

Anlaß zu der vorliegenden Studie war für mich die überraschende Beobachtung, daß frühere Arbeitskollegen, durchwegs diplomierte bzw. promovierte Naturwissenschaftler, vorwiegend Physiker, das offizielle Klimaparadigma i. w. als zutreffend akzeptierten und nicht grundsätzlich in Frage stellten.

Mein besonderer Dank gilt *Dr. rer. nat. G. Schwierz*, der zwar in vielen Punkten nicht mit mir übereinstimmt, aber dessen mühsame Durchsicht meines Manuskripts und seine unverhohlene Kritik sehr zur Verbesserung beigetragen hat.

Außerdem danke ich Herrn *Dr. habil. S. Lüning* für wichtige Literaturhinweise und einigen Physikern bzw. Ingenieuren, die ungenannt bleiben möchten, für nützliche Bemerkungen.

Erst kurz vor Abschluß des Manuskripts wurde ich auf die Umwelt-Weltgeschichte in zwei fundamentalen Werken von *Joachim Radkau* [x18],[x19] aufmerksam, welch letztere meine Vorstellung von der Vielschichtigkeit und was Umwelt und Umweltschutz "richtig verstanden" (siehe Seite 12) bedeutet, wesentlich vertieft haben.

Das Buch widme ich *Prof. Dr. rer. nat. Dietrich Kölzow*, meinem verehrten Lehrer, der seinen 90. Geburtstag im Juni 2020 nicht mehr erleben durfte. Leider konnte er an meiner Klimastudie nicht mehr teilhaben. Auch wenn er nicht in allen Punkten mit mir einig gewesen wäre, so bin ich mir aber sicher, daß er meinem wissenschaftsethischen Appell an das Prinzip "audiatur et altera pars" zugestimmt hätte.

Juli 2020 / März 2021

über den Autor

(geb. 1943),
Mathematiker mit Parallelstudium Physik;
weitere Studien-, Fach- und Interessengebiete:
Philosophie (Wissenschaftstheorie, Logik, Ethik);
Biologie (Evolution, Ethologie, Ökologie);
Geologie, Klimageomorphologie;
medizinische Physik und Statistik;
Suizidologie,
kritische Zeitgeschichte.